博碩文化

Visio 2016
商業應用圖表超強製作術
視覺化實務設計

楊玉文 著

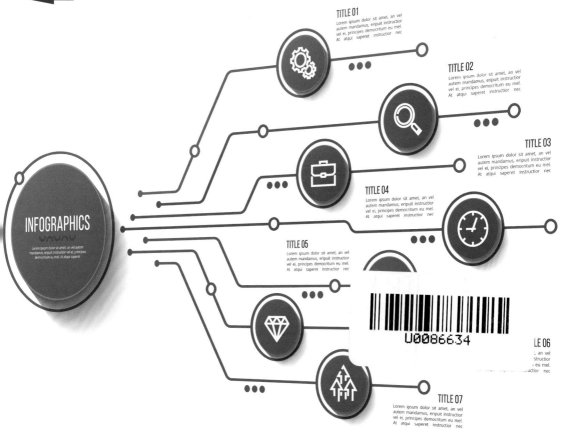

活用一目了然的視覺化圖表，提升商業企劃書及各式資料的分析力

作　　者：楊玉文
責任編輯：曾婉玲

董 事 長：蔡金崑
總 經 理：古成泉
總 編 輯：陳錦輝

出　　版：博碩文化股份有限公司
地　　址：221 新北市汐止區新台五路一段 112 號 10 樓 A 棟
　　　　　電話 (02) 2696-2869　傳真 (02) 2696-2867

郵撥帳號：17484299　戶名：博碩文化股份有限公司
博碩網站：http://www.drmaster.com.tw
讀者服務信箱：DrService@drmaster.com.tw
讀者服務專線：(02) 2696-2869 分機 216、238
（週一至週五 09:30 ～ 12:00；13:30 ～ 17:00）

版　　次：2018 年 4 月初版

建議零售價：新台幣 500 元
Ｉ Ｓ Ｂ Ｎ：978-986-434-295-2（平裝）
律師顧問：鳴權法律事務所 陳曉鳴 律師

本書如有破損或裝訂錯誤，請寄回本公司更換

國家圖書館出版品預行編目資料

Visio 2016 商業應用圖表超強製作術：視覺化實務設計
/ 楊玉文著 . -- 初版 . -- 新北市：博碩文化，2018.04
　　面；　公分

ISBN 978-986-434-295-2（平裝）

1.VISIO 2016(電腦程式) 2. 電腦繪圖

312.49V53　　　　　　　　　　　　107005564

Printed in Taiwan

博 碩 粉 絲 團　歡迎團體訂購，另有優惠，請洽服務專線
　　　　　　　　(02) 2696-2869 分機 216、238

序言

　　很高興撰寫了《Visio 2016商業應用圖表超強製作術》。在撰寫本書之前，我已經撰寫過繪圖類的書籍以及使用過許多的繪圖軟體。市售繪圖軟體的大部分用途皆不在本書中談及的領域，書中內容偏向整合性與實用性，期望本書可以提供您作為參考。

　　我是以使用者的角度撰寫本書，這是一本寫給所有需要繪圖的使用者，工作及論文中的流程圖、企業組織圖等，皆可透過本書的小技巧改善提升繪圖效率，您將發現本書內容很簡單，也很容易上手。即使不會繪圖，也可以透過本書完成需要的任何圖件。

　　在此要向所有協助我完成的長官、朋友一一道謝，因為沒有這一群長官、朋友的幫助，這一本著作恐怕無法順利完成。

楊玉文（妹咕老師）

● **範例檔的下載**

　　本書介紹的範例與圖片都已收錄於範例檔，請讀者依內容自行參考及使用。

URL http://www.drmaster.com.tw/Bookinfo.asp?BookID=MI21807

|Chapter 04| 實務案例實作　　　151

01
| CHAPTER |

初見 Visio 2016 視覺大師

在撰寫本書之前，我已經撰寫過 Microsoft Visio 2010、Microsoft Visio 2013 以及使用過許多類似的繪圖軟體。而微軟推出的 Microsoft Visio 2016 不論是範本或是使用介面上，都有更上一層樓的突破，目前市面的繪圖軟體皆不及 Microsoft Visio 2016 視覺大師的整合性與實用性強大，並且許多雲端繪圖軟體都無法超越 Microsoft Visio 2016 視覺大師在雲端上的表現與應用。Microsoft Visio 2016 視覺大師除了整合性與雲端應用強之外，其使用介面也配合觸控，大幅提升使用者的方便性，繼續閱讀以下的說明之後，您便可以得知 Microsoft Visio 2016 視覺大師的各項優點。

1.1　全新的介面與功能

Microsoft Visio 2016 視覺大師的使用介面與過往不同，本節大致簡介說明 Microsoft Visio 2016 視覺大師的數個優點，讓大家認識一下嶄新的 Microsoft Visio 2016 視覺大師。

一、優質觸控介面

Microsoft Visio 2016 和微軟其他的 Microsoft Office 2016 辦公室軟體相同，皆有提供共同的觸控介面。使用者會發現使用的介面圖形皆有放大效果，主要是結合平板電腦的觸控操作。另外，使用者也可以透過快速存取工具列中啓用此項觸控功能。

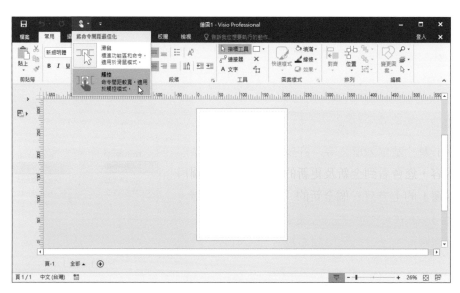

二、全新的範本與檔案格式

當您需要繪製新的圖表時，請點按「檔案」索引標籤，接著點按「新增」清單項目後，即可選取您需要的繪圖範本，在 Microsoft Visio 2016 中的範本是可以預覽的。而 Microsoft Visio 2016 具有全新的繪圖檔案格式（.vsdx），您可以同時在桌面與其他的工作伙伴使用 SharePoint 共同進行檢視繪圖內容，故您無須額外儲存不同的繪圖檔案格式。目前 Microsoft Visio 2016 可以讀取或寫入以下幾種圖形格式，如 vssx、.vstx、. vsdm、.vssm 與 .vstm 等格式。

三、多變的圖形

Microsoft Visio 2016 視覺大師具有多種不同應用的圖形，包括「時刻表」、「基礎網路」、「詳細網路」及「基本圖形」等。許多範本有全新的圖形和內容，您會看到全新及更新的容器與註標。圖形「視窗」的上方有一個全新的「快速圖形」區域，主要可以讓使用者放置最常運用的圖形。如需新增或移除圖形，只要透過滑鼠右鍵，即可直接將該圖形「新增到快速圖形」或「從快速圖形中移除」。

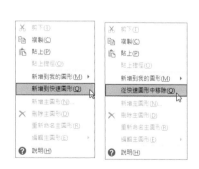

四、全新的樣式變化

Visio 2016 在圖表的表現已更新許多的圖表範本，現行的 Visio 2016 圖表範本不但外觀好看也更好用。全新的圖形樣式與佈景主題可協助您節省更多的繪圖時間。您可以輕鬆繪圖，並透過 Visio 2016 視覺大師提供的「即時預覽」，在繪製圖形後，由「設計」索引標籤找到各項格式設定，例如：字型、佈景主題和變化。您只需要移動滑鼠，就可以看到圖形套用樣式後的結果。

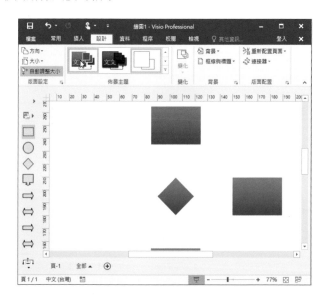

五、圖形自動連結

假設您已經建立繪圖的連結，但因工作需求，需要新增或移除圖形，Visio 2016 視覺大師可為您自動進行連接和調整位置。您只要將圖形置入後，滑鼠移至圖形的連結點上，即可出現「快速圖形」小工具。您可以選擇需求圖形，即可完成該圖形的插入。

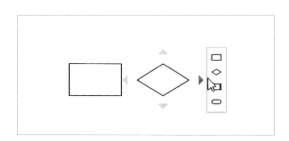

六、容器

如需將多個圖形組合在一起時，以過去繪圖技巧最常用的方式是「群組」，而在Visio 2016視覺大師中採用的方法是「容器」，「容器」可以讓您更容易查看繪圖或邏輯上，圖形彼此相關的群組問題。您可以輕鬆地管理「容器」中的所有成員圖形，例如：移動、複製或刪除。

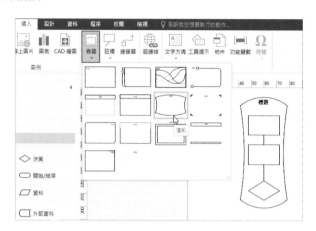

七、全新對齊提示

全新的圖形對齊方式，Visio 2016視覺大師已大幅改善對齊方式，您可以輕鬆將圖形進行對齊其他圖形。當搬移圖形或新增圖形時，您可以由螢幕的顯示輔助線快速找到圖形的定位。

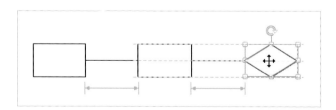

八、改良頁籤

Visio 2016視覺大師的頁籤有小幅度的改良，您可以按一下最右側的「頁籤」圖示，即可以進行新增頁面。您也可以直接從「頁面」索引標籤的快顯功能表，進行該頁面的「版面設定」功能選項。

九、全新的簡報模式

Visio 2016 視覺大師的狀態列上有全新的檢視預覽方法，您可以按一下「檢視」索引標籤中的「簡報模式」圖示，即可以進行以簡報方式檢視繪圖的內容。

十、新增工具提示

如需為圖形增加說明時，以過去繪圖技巧最常用的方式是「文字方塊」，而在 Visio 2016 視覺大師中採用的方法是「工具提示」，「工具提示」可以讓您更容易查看繪圖或邏輯上圖形彼此相關的細部說明。您可以輕鬆地了解「圖形」中的所有詳細資訊，例如：企業資訊。

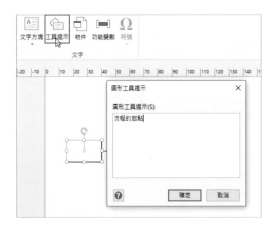

十一、全新的雲端共用

您將繪製好的圖表上傳至 SharePoint 或 OneDrive，可讓您與多位同仁同時使用雲端 Visio 2016 的功能，即使電腦上沒有安裝 Visio，也可使用這樣的功能，每個人都可即時看到圖案的編輯過程，當您儲存文件時，所做的變更都會回存到伺服器，且其他人所儲存的變更也都會顯示在您的圖表中。另外，在 Visio 2016 中您也可以建立圖表，並將圖表發布到伺服器或電子郵件。

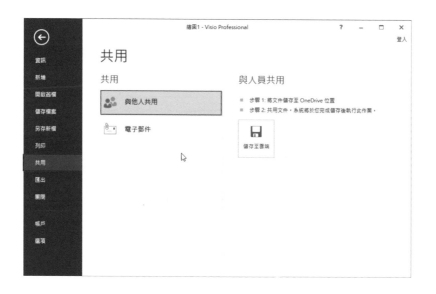

十二、更好更多的功能

　　Visio 2016 提供更專業的組織圖並強化圖形及樣式設計。您可以一次就把圖片新增至組織圖中。Visio 2016 有嶄新的 SharePoint 工作流程範本，且支援 BPMN 2.0，依循「分析一致性類別」的商業流程模型繪製全新的示意圖（BPMN）；Visio 2016 另外有「UML 與資料庫」、「格式化圖形」、「快速樣式」、「複製整個頁面」、「網路上檢閱圖表」等多個不錯的繪圖功能。

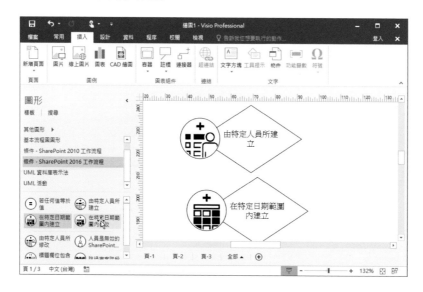

1.2　Visio 繪圖入門技巧

　　Visio 2016 視覺大師提供全新的繪圖範本，對於初次使用 Visio 2016 視覺大師繪圖的您，請掌握下列四大基本步驟，您便可得心應手地使用 Visio 2016 視覺大師進行繪圖。

一、選擇並開啟合適的範本

　　請依下列方法進行開啓，並建立合適的範本新文件。

STEP 01　點選「檔案」索引標籤→點選「新增」清單項目。

STEP 02　點選「基本圖」範本類型。

STEP 03　點選「建立」按鈕。

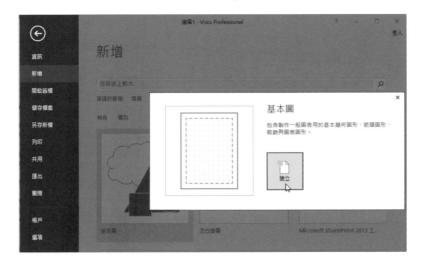

二、輕鬆拖曳繪圖

您也可以使用下列方法進行快速的繪圖。

STEP 01 點選「區塊」圖形視窗→點選「基本圖形」圖形項目。

STEP 02 拖曳「方形」圖形至「頁面」任何編輯位置。

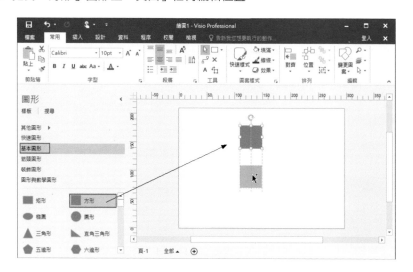

三、在圖形中加入文字

請依下列方法進行圖件文字的增加。

STEP 01 選取「頁面」編輯區中的「方形」圖形。

STEP 02 直接鍵入「開始」文字內容。

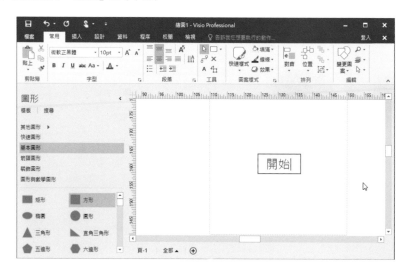

四、列印輸出

完成文字圖件的佈局與設計，您即可開始著手進行圖件的列印輸出。請依下列方法進行列印輸出。

STEP 01 點選「檔案」索引標籤→點選「列印」清單項目。

STEP 02 點選「列印」按鈕。

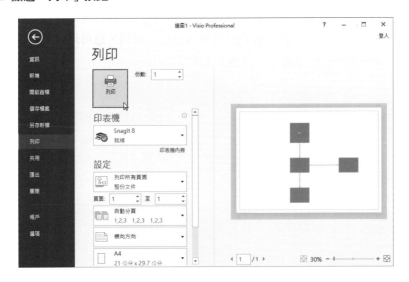

五、檔案輸出

最後別忘記一定要儲存檔案。請依下列方法進行檔案的儲存。

STEP 01 點選「檔案」索引標籤→點選「另存新檔」清單項目。

STEP 02 鍵入「開會流程」檔案名稱→點選「儲存」按鈕。

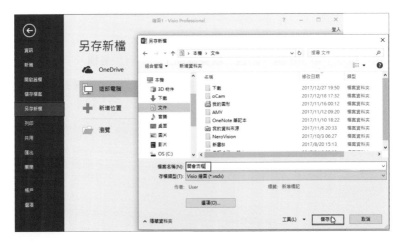

1.3 設定工作環境

使用 Visio 2016 繪製工作圖件，一定要了解其作業環境，正所謂「工欲善其事、必先利其器」，以下簡介如何設定 Visio 2016 作業環境。

一、新增快速存取工具列

「快速存取工具列」是一種客製化的使用者介面工具列，您可以自由設定「快速存取工具列」的位置與「快速存取工具列」上的工具鈕。

請依下列步驟新增命令到快速存取工具列。

STEP 01 點選合適的索引標籤項目。

STEP 02 按一下滑鼠右鍵→點選「命令」清單項目，例如：字型色彩。

STEP 03 點選「新增至快速存取工具列」快顯功能表項目。

二、啟用動態格線

使用 Visio 2016 繪圖時，最好用的偵測工具是「動態格線」。「動態格線」是一種系統自動偵測圖形與圖形之間的對齊與距離問題。

請依下列步驟進行啟用「動態格線」。

STEP 01 點選「檢視」索引標籤→點選「視覺輔助工具」群組名稱。

STEP 02 勾選「動態格線」群組項目。

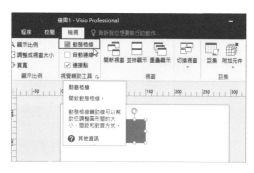

三、列印紙張設定

使用 Visio 2016 列印圖件時，使用者一定要知道製圖前的紙張大小及繪製的圖件規格，例如：A4 紙張的規格、使用公分繪圖單位以及採用 1:1 的繪圖比例。

請依下列步驟進行「列印頁面」的設定。

STEP 01 點選「設計」索引標籤→點選「版面設定」群組名稱。

STEP 02 點選「版面設定」群組項目（快速鍵：Shift + F5）。

STEP 03 請自行設定繪圖需求→點選「設定列印格式」標籤項目。

STEP 04 點選「調整成」需求項目→點選「確定」按鈕。

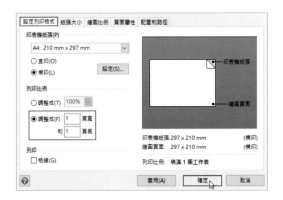

當設定列印格式的列印比例時，若要縮小或放大繪圖，可在調整成「百分比」中輸入小於或大於 100 的數字。若要強制列印在一頁上，則在調整成「頁寬、頁長」中的輸入「1」。若要跨頁列印，請在調整成「頁寬、頁長」中的輸入頁寬及頁長的需求數字。

四、設定檔案位置

完成使用 Visio 2016 繪製圖件的繪圖、我的圖形、範本、樣板、附加元件、說明及啟動等所有的檔案預設位置的設定，您可以將繪製圖件的設定檔案位置儲存起來，以便日後直接使用設定，而無需重複進行繪圖圖件的儲存檔案位置設定。Visio 2016 可以預設各項目的儲存檔案位置，如此可快速幫助您進行儲存後的檔案管理。

請依下列步驟進行「儲存檔案」的位置設定。

STEP 01 點選「檔案」索引標籤→點選「選項」清單項目。

STEP 02 點選 Visio 選項中的「進階」左側清單項目→點選「一般」右側標籤項目。

STEP 03 點選「檔案位置」按鈕。

STEP 04 鍵入「C:\Users\玉文\Documents\我的圖形」檔案位置，您可以自行決定檔案儲存的位置，例如：D:\，然後點選「確定」按鈕。

五、啟用開發人員

　　對於有需求繪製「進階圖形」的使用者，您可以使用 Visio 2016 內建的「開發人員」功能項目，進行繪製高難度或更精準的圖件。使用 Visio 2016 的「開發人員」功能項目時，您必須自行啟動「開發人員」功能設定，只需啟動一次「開發人員」功能項目，日後無須再進行啟動「開發人員」功能項目，這樣可以快速幫助您進行「進階圖件」的繪製。

　　請依下列步驟進行「開發人員」的啟用設定。

STEP 01 點選「檔案」索引標籤→點選「選項」清單項目。

STEP 02 點選 Visio 選項中的「自訂功能區」左側清單項目→勾選「開發人員」右側選項項目→點選「確定」按鈕。

1.4　認識圖形、樣板與範本

　　使用 Visio 2016 繪圖一定要分清楚什麼是「圖形」、「樣板」與「範本」。以下簡略為您解說「圖形」、「樣板」與「範本」的差異。

一、圖形

在 Visio 2016 中的圖形即是您可以拖曳到繪圖頁面的圖像、群組圖形，不論形狀與大小，這些圖形、群組圖形都有共同的標記，例如：旋轉控點、調整大小、選取移動等。

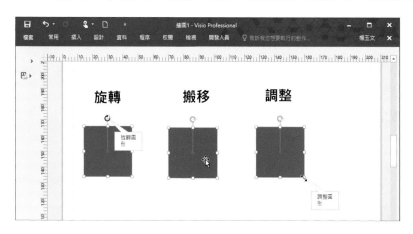

另外，Visio 2016 的圖形也可以自訂圖形資料的表示資訊，當您在圖形中加入資料資訊時，則可以點選「資料」索引標籤下的「顯示/隱藏」群組名稱，勾選「圖形資料視窗」項目，即可顯示繪製的「圖形」有無相關的圖形資訊，若無任何圖形資料資訊，您也可以自行定義及建立新資料圖形的內容資訊。

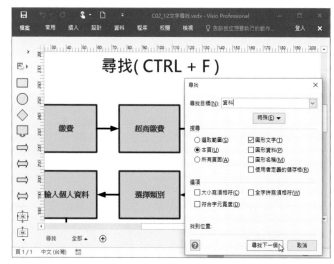

二、樣板

Visio 2016 的樣板可用於存放「單一圖形」、「組合圖形」、「工作圖件」及「自訂圖件」等各種圖形圖件，而每個樣板中的圖形皆可以共用，其最大的好處是這些樣板中的圖形可以「任意移動」與「重新組合」，例如：「裝飾圖形」圖形，其樣板會在圖形「視窗」中顯示。

三、範本

　　如果您是繪圖的初學者，個人建議您應多多運用 Visio 2016 提供的範本，如需建立與繪製特殊圖件時，請由「範本」開始練習，以建立您要製作的專業工作圖件內容。Visio 2016 的範本包含建立特定類型之繪圖時需要的各種圖形，例如：「建築工程」範本或是「基本電子」範本皆有許多的圖形可供使用者使用，如電阻、電容、感應器等。

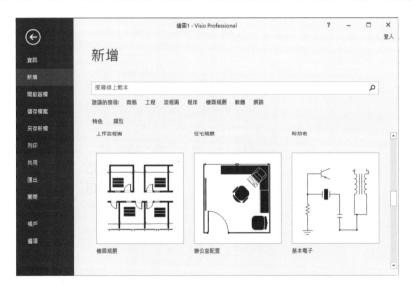

善用 Visio 2016 技巧繪圖

2.1 檔案技巧

一、快顯功能表（ Shift + F10 ）

使用時機

　編輯圖形物件的常見技巧是，使用滑鼠右鍵選取該圖形，系統會自動啟動快顯功能表，但是滑鼠右鍵如無法運作，易造成選取時的不便，建議大家可以採用快速鍵 Shift + F10 ，進行圖形物件的快顯功能表啟用。

使用技巧

　請依下列方法進行啟用「快顯功能表」的技巧。

STEP 01 點選「檔案」索引標籤→點選「開啟舊檔」清單項目。

STEP 02 點選「C02_01 快顯功能表 .vsdx」範例檔案名稱→點選「開啟」按鈕。

STEP 03 點選「報名」矩形圖形→按鍵盤上的組合鍵 Shift + F10 鍵，即可立即啟用「快顯功能表」。

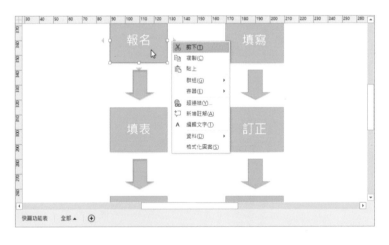

　欲取消選取時，可使用 Esc 鍵。

二、檔案釘選

使用時機

　　如需開啓常用的繪圖檔案，我們最常使用「檔案」索引標籤下的「開啓舊檔」項目，再去點選或尋找自己需要開啓的檔案名稱。其實，Visio2016 有提供更好的工作技巧，個人建議大家可以採用「檔案釘選」的方式，這可是全新的啓用檔案的方式。

使用技巧

　　請依下列方法進行「檔案釘選」的技巧。

STEP 01 點選「檔案」索引標籤→點選「開啟舊檔」清單項目。

STEP 02 點選「C02_02 檔案釘選 .vsdx」範例檔案→點選「開啟」按鈕。

STEP 03 點選「檔案」索引標籤→點選「開啟舊檔」清單項目。

STEP 04 點選「最近」清單項目→點選「C02_02 檔案釘選 .vsdx」項目。

STEP 05 點選「C02_02 檔案釘選 .vsdx」右側的「圖釘」圖示符號。

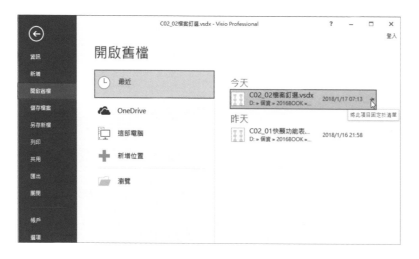

　　此技巧可將「C02_02 檔案釘選 .vsdx」檔案或項目固定於清單項目的最上方，方便使用者日後開啓釘選的檔案或資料夾。

加強宣導　資料夾也可使用將此項目固定於清單的技巧。

三、快速存取工具列

使用時機

　　繪製新的 VISIO 圖表需要使用新的檔案時，一般會使用「檔案」索引標籤下的「新增」項目，然後再去點選「新增」繪圖的樣板。建議大家可以利用「快速存取工具列」進行「開新檔案」的功能，它可以加快您執行新增檔案的建置。

使用技巧

　　請依下列方法進行「快速存取工具列」的設定啓用技巧。

STEP 01 點選「快速存取工具列」視窗左上方位置。

STEP 02 點選「新增」圖示項目。

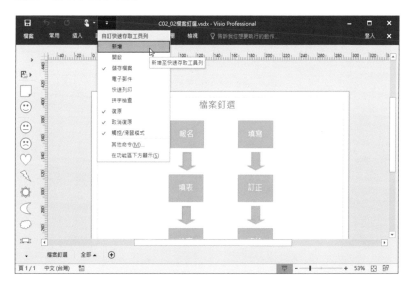

STEP 03 日後使用可直點選「快速存取工具列」視窗上方的「新增」圖示。

> **加強宣導** 請自行增加自己常用的工具圖示，例如：開啟舊檔。新增檔案的快速組合鍵為 Ctrl + N。

四、建立樣板

使用時機

　　活用「樣板」可以快速自訂工作上常用的圖形，最常見的使用方法是「開啟舊檔」這個功能，然後再運用「複製」與「貼上」的操作完成工作上的圖形轉化。建議您可以在 Visio 2016 中使用「建立樣板」的技巧，提升上述的執行動作，並完成工作內容。

使用技巧

　　請依下列方法進行「啟用樣板」的設計。

STEP 01 點選「檔案」索引標籤→點選「開啟舊檔」清單項目。

STEP 02 點選「C02_03 圖形樣版 .vsdx」範例檔案名稱→點選「開啟」按鈕。

STEP 03 點選「圖形」樣板區中的「樣板」標籤項目。

STEP 04 點選「其他圖形」文字右側按鈕→點選「開新樣板」清單項目。

STEP 05 點選「1」編輯區中的圖形物件→拖曳「1」圖形物件至「樣板區」左側區域。

STEP 06 請自行再將其他的「2,3,4,5,6,7,8,9,0」圖形物件，拖曳至「樣板區」左側區域。

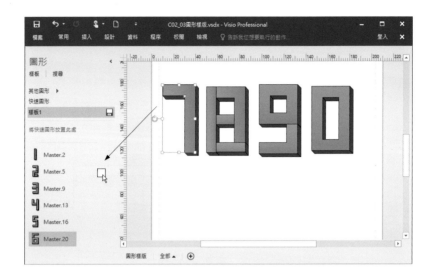

STEP 07 完成所有的「1,2,3,4,5,6,7,8,9,0」圖形物件新增至「樣板區」左側區域後，要儲存樣板。點選「樣板1」樣板名稱右方的「儲存樣板」磁片圖示。

STEP 08 請設定樣板儲存的位置或使用預設樣板儲存位置。鍵入「數字樣板」樣板名稱→點選「儲存」按鈕。

「樣板」可以幫助您快速找到特殊的圖樣，亦可重複使用。

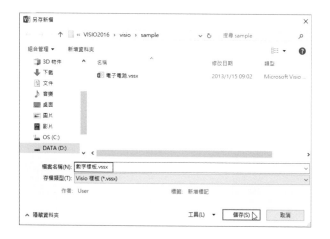

2.2 設定環境

一、結束圖件編輯 (Alt + F4)

使用時機

要結束 Visio 2016 繪圖的編輯圖件工作時，大部分會使用的結束方式是，直接點選 Visio 2016 繪圖視窗右上方的「關閉」按鈕，這有可能會不小心會變成「結束執行程式」，而非結束目前的圖件工作。建議您可以換用鍵盤上的組合鍵 Alt + F4 鍵，結束目前使用中的圖件編輯工作。

使用技巧

請依下列方法進行「結束編輯」的圖件工作。

STEP 01 點選「檔案」索引標籤→點選「開啟舊檔」清單項目。

STEP 02 點選「C02_04 結束圖件編輯 .vsdx」範例檔案名稱→點選「開啟」按鈕。

STEP 03 請按鍵盤上的組合鍵 Alt + F4 鍵，即可結束目前的工作編輯。

加強宣導 鍵盤上的組合鍵 Ctrl + F4 鍵，為結束 VISIO 應用程式。

二、設定復原次數

使用時機

　　當您在使用 Visio 2016 進行繪圖編輯工作過程中，難免會有圖件操作或編輯失誤的時候，過去最常見使用「復原」的方法進行「恢復」上一個動作，以免除重做的編輯圖件的時間，Visio 2016 視覺大師提供可以讓編輯設定「復原」次數，可方便使用者編輯失誤過多時進行多次「恢復」的動作需求。

使用技巧

　　請依下列方法進行「復原次數」設定。

STEP 01 點選「檔案」索引標籤→點選「開啟舊檔」清單項目。

STEP 02 點選「C02_05 還原次數 .vsdx」範例檔案名稱→點選「開啟」按鈕。

STEP 03 請選取任一圖形，再按鍵盤上的 Delete 鍵，即可刪除選取的「圖形」。

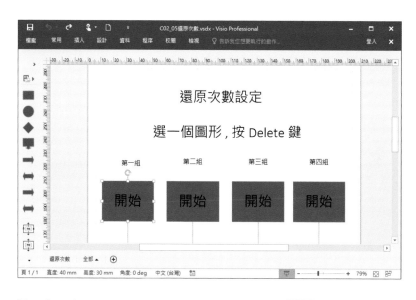

STEP 04 接下來，請一次選取一個圖形，並依序按鍵盤上的 Delete 鍵，即可刪除選取的「圖形」。

STEP 05 點選「自訂快速存取工具列」上的「還原」右側按鈕，即可選取需要「復原動作」的位置。Visio2016 復原次數預設值只有「20」次。

STEP 06 點選「檔案」索引標籤→點選「選項」清單項目。

STEP 07 點選「Visio 選項」視窗左側的「進階」類別項目，設定 99「設定最多復原次數」→點選「確定」按鈕。

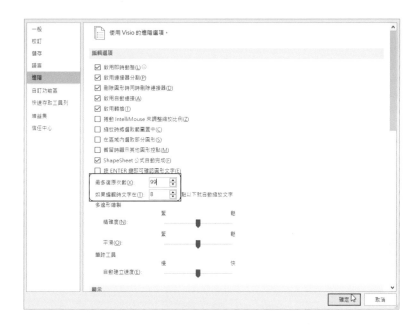

　鍵盤上的組合鍵 Ctrl + Z 鍵，為復原的快捷鍵。

三、精準尺寸設定

使用時機

　　使用 Visio 2016 繪製圖件時，如需精準調整圖件的長寬尺寸，一般的作法是使用圖件的邊框，進行滑鼠左鍵拖曳，以立即調整圖件的長寬尺寸，但唯一的問題是圖件的長寬尺寸無法有效的精準設定。建議您可以運用狀態列上的「長度」顯示項目，進行圖件的長寬尺寸調整設定。

使用技巧

　　請依下列方法進行圖件「精準尺寸」的設定。

STEP 01 點選「檔案」索引標籤→點選「開啟舊檔」清單項目。

STEP 02 點選「C02_06 尺寸設定 .vsdx」範例檔案名稱→點選「開啟」按鈕。

STEP 03 點選「繳費」圖形→點選「高度」狀態列文字項目。

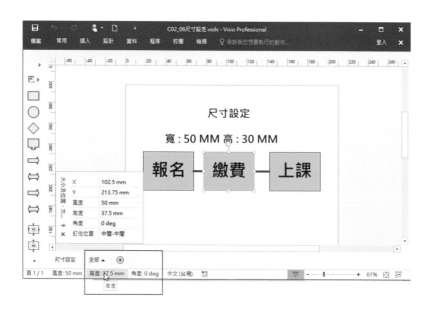

STEP 04 請於「高度」右側文字框中鍵入新的高度尺寸，如：30mm。

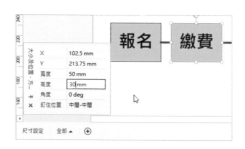

加強
宣導　設定圖件尺寸時，可以一次選取所有需要設定的圖件進行設定。

2.3　文字技巧

一、文字格式（F11）

使用時機

　　使用 Visio 2016 執行文字編輯時，若需要改變文字格式，可以使用格式工具列上的「文字格式」圖示鈕。若需要改變其他的文字格式設定時，您會發現格式工具列上的

「文字格式」圖示鈕並不齊全，如沒有「分散對齊」這項功能。此時建議可以採用鍵盤上的功能鍵 F11 鍵，可讓使用者一次完成「文字格式」所有的設定。

使用技巧

請依下列方法啟用「文字格式」的快速設定。

STEP 01 點選「檔案」索引標籤→點選「開啟舊檔」清單項目。

STEP 02 點選「C02_07 文字格式 .vsdx」範例檔案名稱→點選「開啟」按鈕。

STEP 03 點選「博碩、巨匠、微軟」等文字物件→按鍵盤上的 F11 功能鍵。

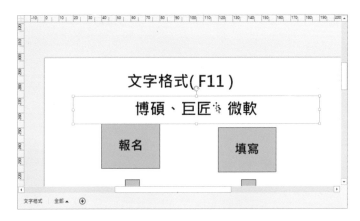

STEP 04 點選「段落」標籤項目中的「對齊」項目→點選「分散式」項目→點選「確定」按鈕。

 其他的「文字格式」內容，請自行設定。

二、文字編輯（ F2 ）

使用時機

　　當編輯區中的圖件需要加入文字說明時，您可以使用滑鼠左鍵快按二下該圖件圖形，即可進行圖件的增加或編輯文字說明。而滑鼠操作不易的機率相當高時，建議您可以改用鍵盤上的功能鍵 F2 鍵，進行圖件的文字編輯。

使用技巧

　　請依下列方法進行啓用「文字編輯」的功能鍵技巧。

STEP 01　點選「檔案」索引標籤→點選「開啟舊檔」清單項目。

STEP 02　點選「C02_08 文字編輯 .vsdx」範例檔案名稱→點選「開啟」按鈕。

STEP 03　點選第一個圖形，並按快速鍵 F2 鍵。

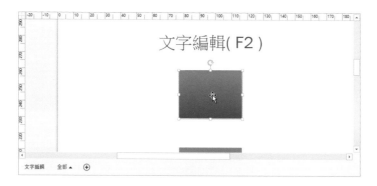

STEP 04　鍵入「報名」文字描述，即可完成圖件的文字說明。

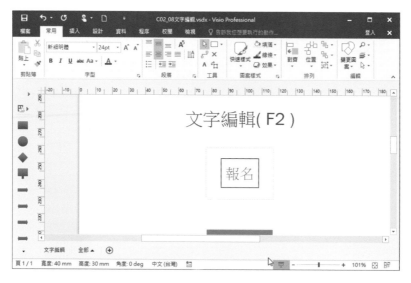

三、直式文字

使用時機

　　圖件內的文字說明需要以「直書」方式呈現時，在 Visio 2016 視覺大師中您可以快速更改文字書寫方向，其最簡單的作法是「輸入一個字後，按一下鍵盤上的 Enter 鍵執行換行動作。建議您可以改用圖件內建的「直書 / 橫書」設定，即可解決更改文字書寫方向的問題。

使用技巧

　　請依下列方法進行「文字直式」的修正。

STEP 01　點選「檔案」索引標籤→點選「開啟舊檔」清單項目。

STEP 02　點選「C02_09 文字直式 .vsdx」範例檔案名稱→點選「開啟」按鈕。

STEP 03　點選「月圓」圓型圖件。

STEP 04　點選「常用」索引標籤→點選「段落」群組名稱。

STEP 05　點選「直書 / 橫書」圖示項目。

STEP 06 您可以直接由畫面上看到文字改變的呈現效果，完成結果如下圖所示。

> 💬 **加強宣導** 若要取消「文字直式」設定，請再點按「直書 / 橫書」圖示按鈕，即可取消「文字直式」設定。

四、旋轉文字（ Shift + Ctrl + 4 ）

使用時機

在 Visio 2016 視覺大師中，如需快速更改「旋轉文字」方向時，您可以使用「文字旋轉」工具。在此建議您可以改用鍵盤上的組合鍵 Shift + Ctrl + 4 鍵，來進行「文字旋轉」的設定，以快速更改「文字旋轉」方向。

使用技巧

請依下列方法進行「文字旋轉」的設定。

STEP 01 點選「檔案」索引標籤→點選「開啟舊檔」清單項目。

STEP 02 點選「C02_10 文字旋轉 .vsdx」範例檔案名稱→點選「開啟」按鈕。

STEP 03 點選「月圓」圓型圖件→按鍵盤上的組合鍵 Shift + Ctrl + 4 鍵。

STEP 04 請自行調整文字區塊的旋轉方向，完成結果如下圖所示。

可以使用「常用」索引標籤中的「工具」群組的「文字區塊」圖示鈕。

五、文字去背（F11）

使用時機

　　要在線段圖件上增加文字描述，大部分的使用者會另行加文字圖件。於線段圖件四周鍵入文字描述，常發生鍵入的文字會有一個白色為底的文字背景框，此文字背景框會造成線段圖件有中斷的現象，因此「文字去背」就成了很專業的課題。建議您可以學習「文字去背」的技巧，解決圖件需要文字說明的背景問題。

使用技巧

　　請依下列方法進行「文字去背」。

STEP 01 點選「檔案」索引標籤→點選「開啟舊檔」清單項目。

STEP 02 點選「文字去背.vsdx」範例檔案名稱→點選「開啟」按鈕。

STEP 03 點選「長度50線段圖件」上方線段。

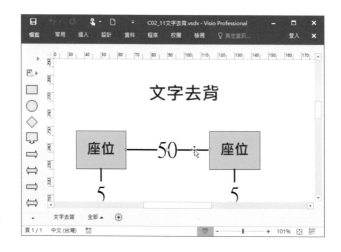

STEP 04 按鍵盤上的功能鍵 F11 鍵。

STEP 05 點選「文字區塊」標籤項目，設定「邊界」項目內容，如：上邊界：0pt、下邊界：30pt。

STEP 06 設定「文字背景」項目為「無」文字背景項目→點選「確定」按鈕。

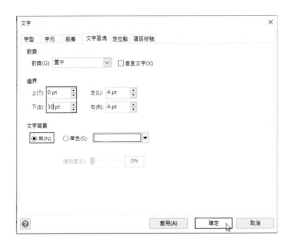

請自行依序設定其他的「線段圖件」，其設定數值請參考下列數據。

● 下方線段：上邊界：30pt、下邊界：0pt、「無」文字背景項目。

● 左方線段：左邊界：30pt、右邊界：0pt、「無」文字背景項目。

● 右方線段：左邊界：0pt、右邊界：30pt、「無」文字背景項目。

完成結果如下圖所示。

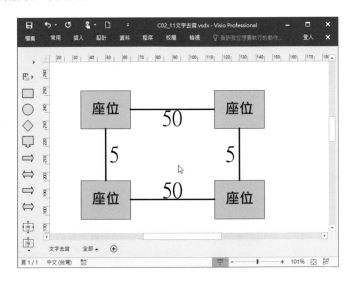

加強
宣導 此方式可以輕鬆為線段圖件的文字改變呈現的位置。

六、尋找（ Ctrl + F ）

使用時機

　　Visio 2016 繪圖軟體不僅有在圖件上的編輯功能而已，有時也會需要文字編輯的機會，如需快速搜尋圖件的文字內容，並找出來進行編修，此時您可以使用鍵盤上的組合鍵Ctrl + F 鍵，來進行文字尋找與修正文字內容。

使用技巧

　　請依下列方法啟用「尋找」文字的功能。

STEP 01　點選「檔案」索引標籤→點選「開啟舊檔」清單項目。

STEP 02　點選「C02_12 文字尋找 .vsdx」範例檔案名稱→點選「開啟」按鈕。

STEP 03　按鍵盤上的組合鍵Ctrl + F 鍵，於「尋找目標」的文字框中鍵入「資料」文字內容。

STEP 04　點選「本頁」，並勾選「圖形文字」搜尋項目→點選「尋找下一個」按鈕。

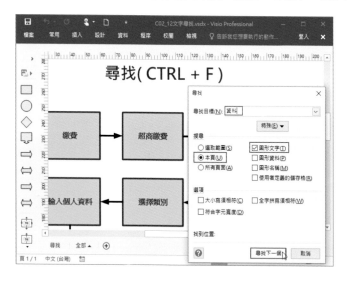

> 加強
> 宣導　善用「尋找」技巧，可以用於圖形資料、圖形名稱、使用者定義的儲存格，也可以尋找檔案中所有的頁面內容。

STEP 05　即可找到含有「資料」文字的圖件。

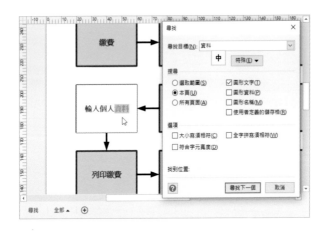

七、文字位移（Shift + Ctrl + 4）

使用時機

　　Visio 2016 視覺大師可以進行圖件的位移編輯，也可以進行圖件文字的位移，您可以善用鍵盤上的組合鍵 Shift + Ctrl + 4 鍵，來快速處理圖形的「文字位移」。

使用技巧

　　請依下列方法啟用「文字位移」的組合鍵，並進行「文字位移」。

STEP 01　點選「檔案」索引標籤→點選「開啟舊檔」清單項目。

STEP 02　點選「C02_13 文字位移 .vsdx」範例檔案名稱→點選「開啟」按鈕。

STEP 03　請按鍵盤上的組合鍵 Shift + Ctrl + 4 鍵。

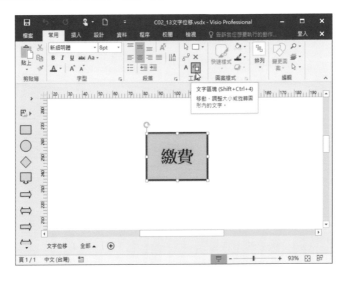

STEP 04 請搬移文字內容，位移至「矩形」圖件的上方。

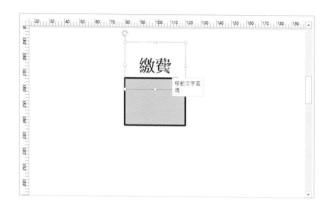

 「文字位移」的技巧可以用於快速對文字進行「定位」設定。

2.4　編輯技巧

一、重製（ Ctrl + D ）

使用時機

　　當工作上需要多個相同的圖件時，大部分的使用者會使用「複製、貼上」的作法，進行複製圖件，然後再執行「貼上」這個功能。建議您可以改用鍵盤上的組合鍵Ctrl + D鍵，執行完成圖件的重製。

使用技巧

　　請依下列方法啟用「重製」的執行。

STEP 01 點選「檔案」索引標籤→點選「開啟舊檔」清單項目。

STEP 02 點選「C02_14 重製 .vsdx」範例檔案名稱→點選「開啟」按鈕。

STEP 03 點選「矩形」圖件。

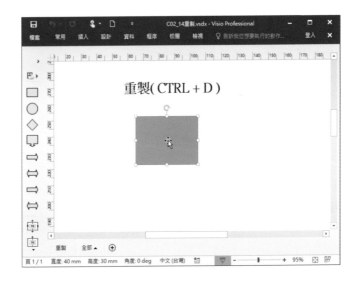

STEP 04 按鍵盤上的組合鍵 Ctrl + D 鍵數次，即可完成重製圖件。

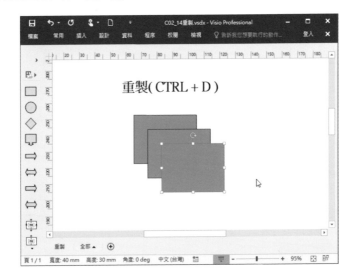

> 使用滑鼠左鍵拖曳圖件。搭配鍵盤上的 Ctrl 鍵，也是可以執行「重製」的功能。

二、填滿 (F3)

　　編輯工作中的圖件，如需快速填入圖件色彩，一般的作法是運用滑鼠右鍵的快顯功能表的「格式化圖案」功能，進行上色操作。對於滑鼠不靈敏的使用者，往往會產生圖件選取失敗的問題，建議您可以改用功能鍵 F3 鍵，以進行圖件的填滿功能。

使用技巧

　　請依下列方法啟用「填滿」的功能。

STEP 01 點選「檔案」索引標籤→點選「開啟舊檔」清單項目。

STEP 02 點選「C02_15 填滿 .vsdx」範例檔案名稱→點選「開啟」按鈕。

STEP 03 點選「報名」矩形圖件，按鍵盤上的功能鍵 F3 鍵。

STEP 04 點選右側「設定格式圖案」中的「填滿」標籤。

STEP 05 點選「實心填滿」項目→點選「色彩」中的「黃色」顏色項目。

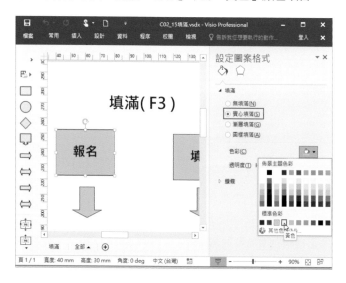

STEP 06 「報名」矩形圖件已填入「黃色」的色彩。

三、對齊（F8）

使用時機

　　繪製多個工作圖件後，如需對齊多個圖件，許多使用者會一次選取所有圖件並執行「對齊」功能，但常常會分二次進行不同方向的對齊，例如：水平、垂直等對齊項目。建議您可以改用鍵盤上的功能鍵F8鍵，進行一次性的多個物件「對齊」功能。

使用技巧

　　請依下列方法執行「對齊」設定的技巧。

STEP 01　點選「檔案」索引標籤→點選「開啟舊檔」清單項目。

STEP 02　點選「C02_16對齊.vsdx」範例檔案名稱→點選「開啟」按鈕。

STEP 03　選取全部圖件，請運用滑鼠左鍵選取第一個圖形後，配合鍵盤上的Shift鍵，依序以滑鼠左鍵連續點選所有的圖件。

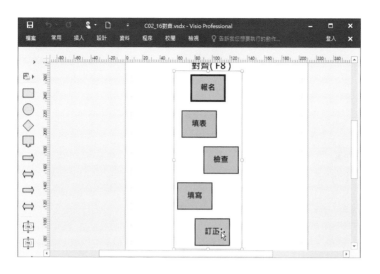

STEP 04 按鍵盤上的功能鍵 F8 鍵→點選「對齊圖形」對話框中的
「水平對齊」標籤下的「置中」圖示項目→點選「確定」
按鈕。

STEP 05 即可完成全部的矩形圖件的「置中對齊」的需求。

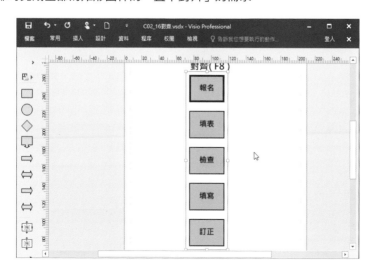

> 加強宣導 鍵盤上的組合鍵 Ctrl + A 鍵，也是「全選」的功能。

2.5 檢視技巧

一、放大 (Alt + F6)

使用時機

繪圖頁面中圖件文字太小或是須調整圖件的尺寸長寬時可放大，對於初學者而言，最常發生顯示比例太小，造成無法順利調整圖件的尺寸長寬或文字無法正常顯示的窘境。一般的作法可以使用滑鼠拖曳圖件外框或是點按「縮放」鈕。建議您可以改用鍵盤上的組合鍵 Alt + F6 鍵，進行「檢視放大」繪圖頁面的圖件，以便調整圖件的尺寸長寬。

使用技巧

請依下列方法進行「放大」的技巧使用。

STEP 01 點選「檔案」索引標籤→點選「開啟舊檔」清單項目。

STEP 02 點選「C02_17 放大 .vsdx」範例檔案名稱→點選「開啟」按鈕。

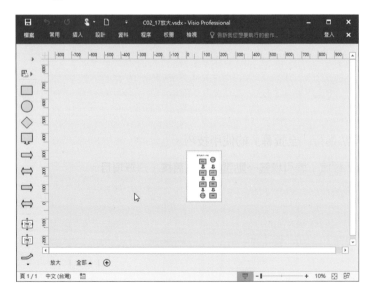

STEP 03 按鍵盤上的組合鍵 Alt + F6 鍵，即可讓檢視放大且可以連續按。

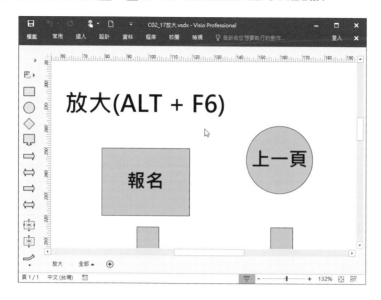

加強
宣導 使用鍵盤上的組合鍵 Alt + Shift + F6 鍵，是縮小的功能。

二、全螢幕（ F5 ）

使用時機

編輯繪圖頁面時，若需要檢視頁面中的完整圖件，您可以採用「全螢幕」來呈現頁面中的全部圖件，建議您可以運用功能鍵F5鍵，進行「全螢幕」功能，以呈現頁面中圖形物件的檢測與調整。

使用技巧

請依下列方法進行「全螢幕」的使用技巧。

STEP 01 點選「檔案」索引標籤→點選「開啟舊檔」清單項目。

STEP 02 點選「C02_18 全螢幕 .vsdx」範例檔案名稱→點選「開啟」按鈕。

STEP 03 按功能鍵 F5 鍵，即可完整顯示繪圖頁面，不會有功能項目或標籤選項。

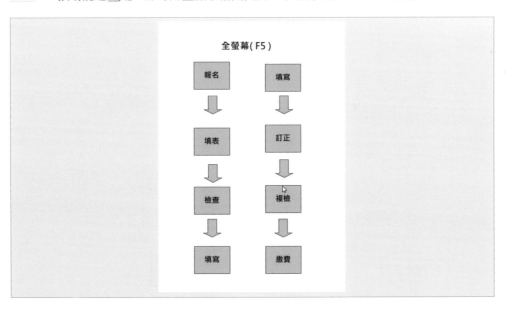

鍵盤上的功能鍵 F5 鍵、 Esc 鍵可以進行取消「全螢幕」顯示的功能。

一、群組（ Ctrl + G ）

使用時機

　　多個圖件的繪製完成後，如果需要同時搬移多個圖件或是同時設定多個圖件，您可以使用一次選取所有圖件後，進行搬移、調整、設定等各種項目。對於初學者而言，易發生落單的搬移、調整、設定等現象，建議您可以改用鍵盤上的組合鍵 Ctrl + G 鍵，進行多個圖件的「群組」設定，再進行搬移、調整、設定等項目。

使用技巧

　　請依下列方法進行「群組」設定。

STEP 01　點選「檔案」索引標籤→點選「開啟舊檔」清單項目。

STEP 02　點選「C02_19 群組 .vsdx」範例檔案名稱→點選「開啟」按鈕。

STEP 03　請運用滑鼠左鍵點選「報名」圖件後，配合鍵盤上的 Shift 鍵，依序使用滑鼠左鍵連續點選所有的圖件。

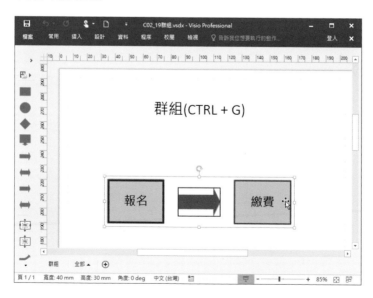

按鍵盤上的組合鍵 Ctrl + G 鍵，即可看到選取的圖件已成為「群組」的效果。

加強
宣導 使用鍵盤上的組合鍵 Ctrl + Shift + U 鍵可以執行「取消群組」的功能。

二、向左旋轉（ Ctrl + L ）

使用時機

　　圖件編輯時，若需要快速改變圖件的旋轉角度，您可以使用圖件上方的圓形圖示，以滑鼠左鍵拖曳來做「角度旋轉」，而這樣的作法對於繪圖者而言，需要精準的角度值，是不易完成的，例如：圖件的角度需要以「90 度」為基準，進行圖件角度旋轉，建議您可以改用鍵盤上的組合鍵 Ctrl + L 鍵，執行圖件的向左 90 度旋轉。

使用技巧

　　請依下列方法執行圖件的「向左旋轉」。

STEP 01 點選「檔案」索引標籤→點選「開啟舊檔」清單項目。

STEP 02 點選「C02_20 向左旋轉 .vsdx」範例檔案名稱→點選「開啟」按鈕。

STEP 03 點選「箭號」圖件。

STEP 04 按鍵盤上的組合鍵 Ctrl + L 鍵，即可看到「箭號」圖件向左旋轉90度。

加強
宣導　使用鍵盤上的組合鍵 Ctrl + R 鍵，可以執行圖件向右旋轉90度。

三、垂直翻轉（Ctrl + J）

使用時機

　　圖件編輯時，若需要改變圖件的垂直或水平 180 度翻轉，您可以使用圖件的外框「控點」進行滑鼠左鍵拖曳，其方向為上下或左右，以改變圖件的垂直或水平翻轉。若是圖件需要翻轉的角度是以 180 度為基準旋轉，建議您可以改用鍵盤上的組合鍵 Ctrl + J 鍵，執行圖件的垂直（上下）翻轉。

使用技巧

　　請依下列方法執行圖件的「垂直翻轉」。

STEP 01 點選「檔案」索引標籤→點選「開啟舊檔」清單項目。

STEP 02 點選「C02_21 垂直翻轉 .vsdx」範例檔案名稱→點選「開啟」按鈕。

STEP 03 點選「箭號」圖件。

STEP 04 按鍵盤上的組合鍵 Ctrl + J 鍵，即可看到「箭號」圖件垂直（上下）翻轉。

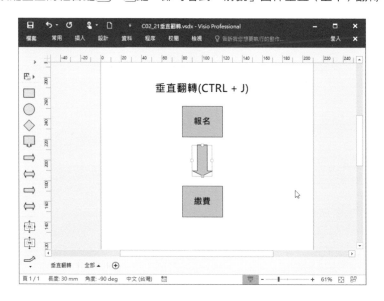

加強
宣導　使用鍵盤上的組合鍵 Ctrl + H 鍵，可以執行圖件水平翻轉。

四、定位設定

使用時機

　　Visio 2016 對圖件的位移、旋轉、大小調整方式，會以圖件的中心點為其調整的參考點，而圖件中心點定位可以是圖件本身的正中央，您也可以自行設定圖件的四周位置為其調整的參考點。至於設定圖件的參考點方式，建議您使用圖件的座標，進行圖件的中心定位設定。

使用技巧

　　請依下列方法進行圖件的「定位設定」，其設定值為「上 - 左」，在座標 X：100、Y：240 的位置。

STEP 01 點選「檔案」索引標籤→點選「開啟舊檔」清單項目。

STEP 02 點選「C02_22 定位設定 .vsdx」範例檔案名稱→點選「開啟」按鈕。

STEP 03 點選「繳費」圖件。

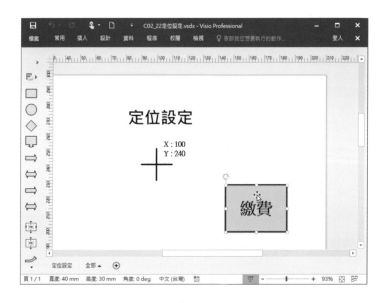

STEP 04 點選「檢視」索引標籤→點選「顯示」群組名稱中的「工作窗格」圖示→點選「大小及位置」圖示項目。

STEP 05 設定「上-左」釘住位置項目→設定「100mm」X位置的值,再設定「240mm」Y位置的值,即可完成「繳費」矩形圖件的定位設定。

💬 **加強宣導** 改變釘住位置，有助於圖形的對齊變化與旋轉角度運用。

五、旋轉角度

使用時機

　圖件繪製時，如需快速改變圖件的旋轉角度，您可以使用滑鼠左鍵拖曳圖件上方「圓形」圖示，進行圖件的任意角度旋轉。而圖件的旋轉角度是無法精準進行定位角度旋轉，建議您可以改用「狀態列」的角度進行旋轉角度設定。

使用技巧

　請依下列方法進行「旋轉角度」設定。

STEP 01 點選「檔案」索引標籤→點選「開啟舊檔」清單項目。

STEP 02 選取「C02_23 旋轉角度 .vsdx」範例檔案名稱→點選「開啟」按鈕。

STEP 03 點選「箭號」圖件。

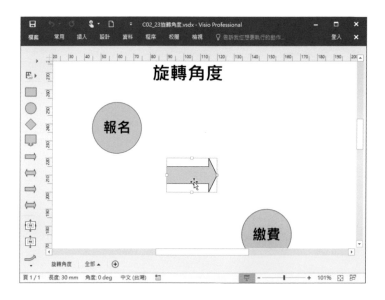

STEP 04 點選「角度」狀態列文字項目，於「角度」右側文字框中鍵入「-30」，然後按鍵盤上的 Enter 鍵。

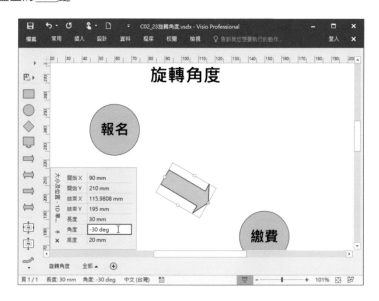

加強
宣導　角度加入正負符號，代表方向改變。

六、自動對齊

使用時機

在繪圖頁面上，有二個圖件需要進行對齊時，一般的作法是用滑鼠左鍵拖曳該圖件，並以目側檢視 Visio 2016 提供的參考線輔助，進行圖件的對齊，建議您可以啟用「自動對齊」功能，可以加快圖件對齊的速度。

使用技巧

請依下列方法啟用「自動對齊」。

STEP 01 點選「檔案」索引標籤→點選「開啟舊檔」清單項目。

STEP 02 點選「C02_24 自動對齊 .vsdx」範例檔案名稱→點選「開啟」按鈕。

STEP 03 使用滑鼠框選頁面上的全部圖件。

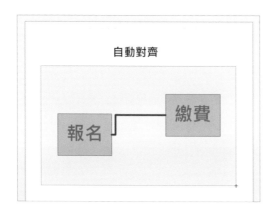

STEP 04 點選「常用」索引標籤→點選「排列」群組名稱中的「對齊」圖示→點選「自動對齊」圖示項目。

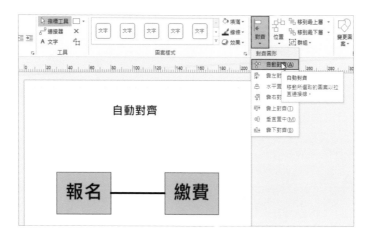

「自動對齊」並不適用多個同時垂直與水平並存的圖件調整。

2.7 選取技巧

一、全選（Ctrl + A）

使用時機

如需編輯繪圖頁面的全部圖件，許多使用者會運用滑鼠左鍵拖曳，來選取全部的圖件，方法是點選一個圖件後，再配合鍵盤上的Shift鍵，進行滑鼠左鍵連續選取其他的圖件，建議您可以改用鍵盤上的組合鍵Ctrl + A鍵，來進行選取全部圖件。

使用技巧

請依下列方法進行「全選」圖件的技巧。

STEP 01 點選「檔案」索引標籤→點選「開啟舊檔」清單項目。

STEP 02 點選「C02_25全選.vsdx」範例檔案名稱→點選「開啟」按鈕。

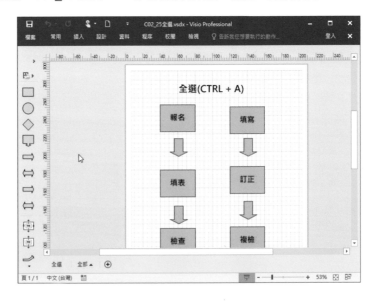

STEP 03 按鍵盤上的組合鍵Ctrl + A鍵。

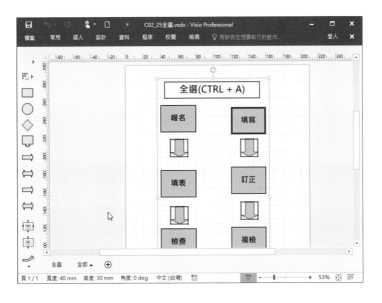

您也可以使用：

STEP 01 點選「常用」索引標籤→點選「編輯」組名稱中的「選取」圖示項目。

STEP 02 點選「全選」圖示按鈕。

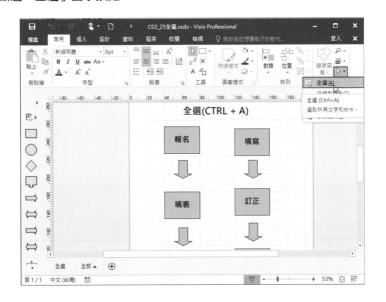

> **加強宣導**　「全選」是指繪圖頁面上的文字、圖件、線條皆被一次選取。若需要「取消選取」，可以使用鍵盤上的 Esc 鍵。

二、套索選取

Visio 2016 提供「套索選取」這個功能，可以讓使用者隨心所欲地選取繪圖頁面中的圖形、物件、文字，對於過去習慣以「矩形選取」的使用者而言，可以是一大進步的選取技巧。建議您可以改用「套索」工具，進行不規則範圍的圖件區域選取。

使用技巧

請依下列方法進行「套索」工具的範圍選取，請只選取設備區域。

STEP 01 點選「檔案」索引標籤→點選「開啟舊檔」清單項目。

STEP 02 點選「C02_26 套索選取 .vsdx」範例檔案名稱→點選「開啟」按鈕。

STEP 03 點選「常用」索引標籤→點選「編輯」群組名稱中的「選取」項目→點選「套索工具」圖示項目。

STEP 04 請自行用滑鼠左鍵拖曳功能，進行「不規則區域」移動來選取需要的範圍，即可完成不規則的圖件周圍選取。

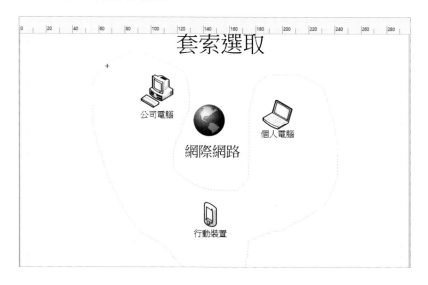

「套索工具」的選取方式，可以快速圈選任意圖件範圍。

三、類型選取

使用時機

　　Visio 2016 提供快速選取同一類型圖件的方法，「類型選取」工具可讓使用者在繪圖頁面中，快速選取不同區域同一類型圖件。對於善用滑鼠選取圖件的使用者，建議您可改用「類型選取」工具，來選取不規則範圍的圖件。

使用技巧

　　請依下列方法進行「類型選取」工具的使用。

STEP 01 點選「檔案」索引標籤→點選「開啟舊檔」清單項目。

STEP 02 點選「C02_27 類型選取 .vsdx」範例檔案名稱→點選「開啟」按鈕。

STEP 03 點選「常用」索引標籤→點選「編輯」群組名稱中的「選取」圖示項目→點選「依類型選取」圖示項目。

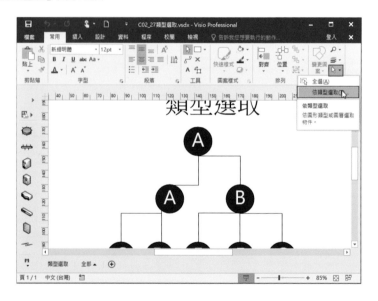

STEP 04 勾選「選取依據」項目中的「圖形」圖形類型項目→點選「確定」按鈕。

STEP 05 點選「常用」索引標籤→點選「圖案樣式」群組名稱中的「線條」圖示項目。

STEP 07 點選「虛線」清單項目→點選「第三個虛線」項目，即可顯示只有連接線會改變「線條樣式」，如下圖所示。

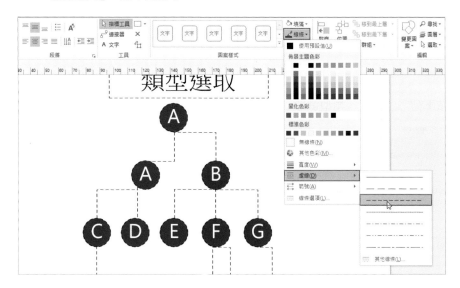

「類型選取」的選取方式，可以快速圈選同樣類型的圖件，例如：輔助線。

四、圖層選取

使用時機

　善用選取圖層的技巧，可以快速選取相同圖層上的所有圖件，Visio 2016 提供「圖層選取」工具，可以讓使用者進行選取同一圖層上所有相同或不相同類型的圖件，這可是一大變革的選取技巧。對於過去習慣使用滑鼠選取的使用者，建議您可以改用「圖層選取」工具進行選取相同圖層的所有圖件。

使用技巧

　請依下列方法進行「圖層選取」的使用。

STEP 01 點選「檔案」索引標籤→點選「開啟舊檔」清單項目。

STEP 02 點選「C02_28 圖層選取 .vsdx」範例檔案名稱→點選「開啟」按鈕。

點選「常用」索引標籤→點選「編輯」群組名稱中的「選取」圖示項目→點選「依類型選取」圖示項目。

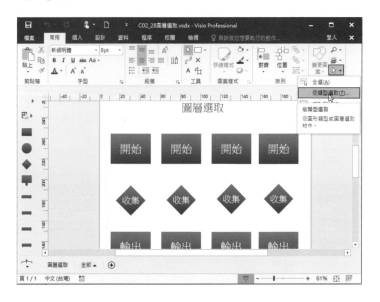

STEP 04 勾選「選取依據」項目中的「開始」圖層項目→點選「確定」按鈕。

STEP 05 點選「常用」索引標籤→點選「圖案樣式」群組名稱中的「填滿」圖示項目。

STEP 06 點選「紅色」標準色彩項目，即可顯示只有「開始」圖件會填入紅色，如下圖所示。

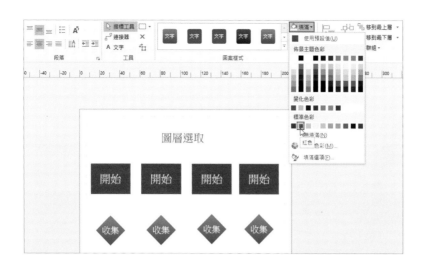

> **加強宣導** 「圖層選取」的選取方式,必須在繪圖頁面中事先設定圖層名稱。

五、圖形角色選取

使用時機

在 Visio 2016 提供全新的「角色選取」,如:連接器,您可以善用這個「圖形角色選取」工具,可以讓您快速選取繪圖頁面中的圖件。如果您需要選取全部的連接線或容器,建議您可以使用「圖形角色」方式進行選取。

使用技巧

請依下列方法進行「圖形角色選取」工具的使用。

STEP 01 點選「檔案」索引標籤→點選「開啟舊檔」清單項目。

STEP 02 點選「C02_29 圖形角色選取 .vsdx」範例檔案名稱→點選「開啟」按鈕。

STEP 03 點選「常用」索引標籤→點選「編輯」群組名稱中的「選取」圖示項目→點選「依類型選取」圖示項目。

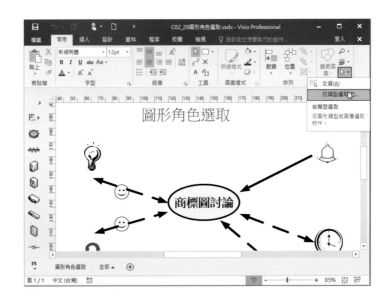

STEP 04 點選「連接器」圖形角色項目→點選「確定」按鈕。

STEP 05 點選「常用」索引標籤→點選「圖案樣式」群組名稱中的「線條」圖示項目。

STEP 06 點選「紅色」標準色彩項目,即可顯示只有「圖形角色:連接器」圖件會填入紅色,如下圖所示。

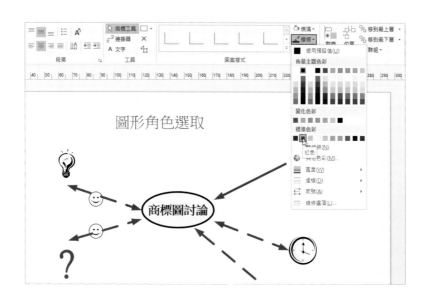

 「圖形角色選取」的選取方式,可以快速圈選同樣角色的圖形。

2.8 連接技巧

一、跨接設定

使用時機

複雜圖件的繪製最常發生二個交叉「連接線」重疊時,會產生連接線在視覺上產生交錯重疊現象,您如需改變這種線條「重疊」現象,建議您可以修正連接線的跨接設定,以完成線條不會有交錯問題的現象。

使用技巧

請依下列方法進行「跨接」的設定。

STEP 01 點選「檔案」索引標籤→點選「開啟舊檔」清單項目。

STEP 02 點選「C02_30跨接設定.vsdx」範例檔案名稱→點選「開啟」按鈕。

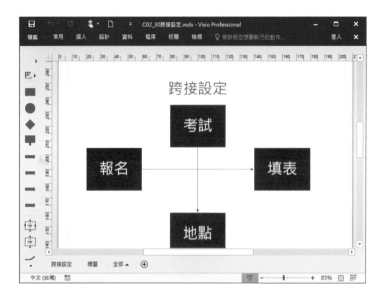

STEP 03 請選取「水平」方向的「連接線」圖件。

STEP 04 點選「設計」索引標籤→點選「版面配置」群組名稱中的「連接器」項目→點選「顯示線條跳轉」清單項目。

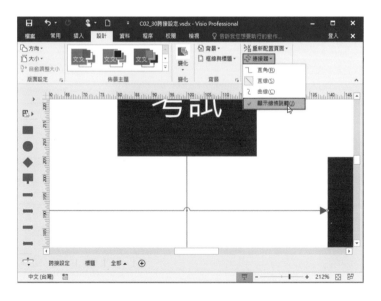

 「跨接」設定只需設定一次。

二、切換連接器（ Ctrl + 3 ）

使用時機

　　繪製多個圖件後，要快速連接所有的圖件時，方法有很多種。最常見的技巧是將全部的圖件繪製完成後，使用「連接器」工具逐一進行圖件間連接。個人建議在繪製圖件前，先點選「連接器」工具，再進行圖件繪製。

使用技巧

　　請依下列方法進行「切換連接器」的使用技巧。

STEP 01 點選「檔案」索引標籤→點選「開啟舊檔」清單項目。

STEP 02 點選「C02_31 切換連接器 .vsdx」範例檔案名稱→點選「開啟」按鈕。

STEP 03 請按鍵盤上的組合鍵 Ctrl + 3 鍵。

STEP 04 點選「程序」基本流程圖圖形，拖曳「程序」圖件至頁面工作區。

STEP 05 再次點選「程序」基本流程圖圖形，拖曳「程序」圖件至頁面工作區。Visio 2016 會自動為「程序」圖件加上「連接線」，如下圖所示。

三、變更連接器

使用時機

繪製連接多個圖件的連接器時，其連接器有直有彎等不同的形式呈現，如需統一變更連接器。建議您使用「變更連接器」工具，快速完成繪圖頁面上所有連接器的修正。

使用技巧

請依下列方法進行「變更連接器」的使用。

STEP 01 點選「檔案」索引標籤→點選「開啟舊檔」清單項目。

STEP 02 點選「C02_32 變更連接器 .vsdx」範例檔案名稱→點選「開啟」按鈕。

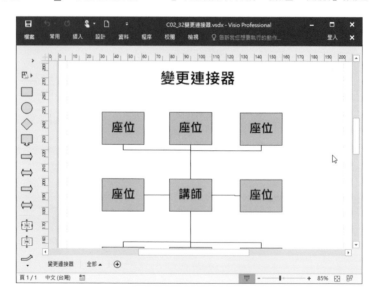

STEP 03 點選「常用」索引標籤→點選「編輯」群組名稱中的「選取」圖示項目→點選「依類型選取」圖示項目。

STEP 04 點選「連接器」圖形角色項目→點選「確定」按鈕。

STEP 05 點選「設計」索引標籤→點選「版面配置」群組名稱中的「連接器」項目→點選「直線」清單項目。

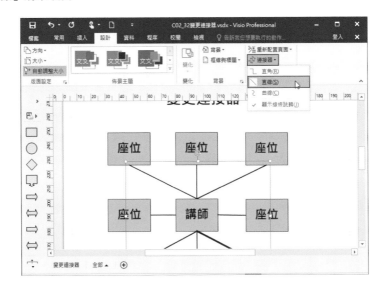

💬 加強
宣導 善用「選取」工具的技巧，可以快速完成圖件修正的製作。

四、自動連線

使用時機

　　繪製大量圖件時，如圖件與圖件之間需要連線時，一般的作法是使用者拖曳圖件，選取連接器並逐一進行連接，但難免會有疏漏，如可以有提示連線方向、位置，連接線便不會遺漏，也可以快速地連接所有的圖件。建議您可以採用「自動連線」設定的作法。

使用技巧

請依下列方法進行「自動連接線」設定的技巧。

STEP 01 點選「檔案」索引標籤→點選「開啟舊檔」清單項目。

STEP 02 點選「C02_33 自動連線 .vsdx」範例檔案名稱→點選「開啟」按鈕。

STEP 03 點選「檢視」索引標籤→勾選「視覺輔助工具」群組名稱中的「自動連線」項目。

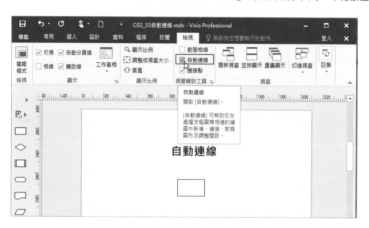

STEP 04 點選「決策」基本流程圖圖形，接著拖曳「決策」圖件至頁面工作區「程序」圖件的下方位置。

STEP 05 點選「程序」圖件下方「三角符號」，即可與「決策」圖件自動連線。Visio 2016 會自動為圖形加上連接線，如下圖所示。

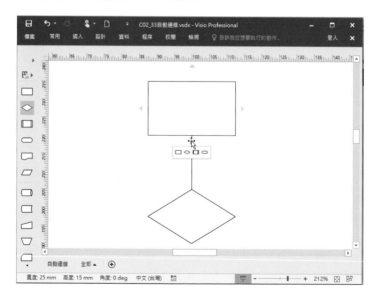

五、圖件自動連接

使用時機

　　繪製多個圖件後,如需在二個圖件中間增加或刪除其他的圖件時,一般的作法是先分開二個圖件,再拖曳需要的圖件至二個圖件中間位置,並以目視方式檢查頁面「參考線」是否有對齊,再進行連接二側圖件的連接線。建議您可以改用「圖件自動連結」功能,來完成複雜的圖件連接問題。

使用技巧

　　請依下列方法進行「圖件自動連接」的技巧。

STEP 01 點選「檔案」索引標籤→點選「開啟舊檔」清單項目。

STEP 02 點選「C02_34 圖件自動連接 .vsdx」範例檔案名稱→點選「開啟」按鈕。

STEP 03 選取「繳費」矩形圖件。

STEP 04 請按鍵盤上的 Delete 鍵，Visio 2016 會自動將「報名」、「繳費」等圖件進行「自動連接」。

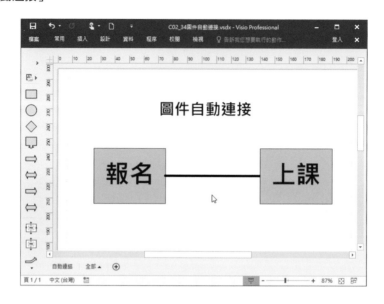

加強
宣導　善用「自動連接」，可以省去圖件搬移與圖件之間的連接行為。

六、動態格線

使用時機

在繪製多個圖件時，如需進行圖件的對齊與間距調整，一般會利用水平或垂直均分圖件後，再進行水平或垂直對齊圖件。建議您改用「動態格線」工具進行多個圖件對齊與均分等工作項目。

使用技巧

請依下列方法進行「動態格線」的使用。

STEP 01 點選「檔案」索引標籤→點選「開啟舊檔」清單項目。

STEP 02 點選「C02_35 動態格線 .vsdx」範例檔案名稱→點選「開啟」按鈕。

STEP 03 點選「檢視」索引標籤→勾選「視覺輔助工具」群組名稱中的「動態格線」項目。

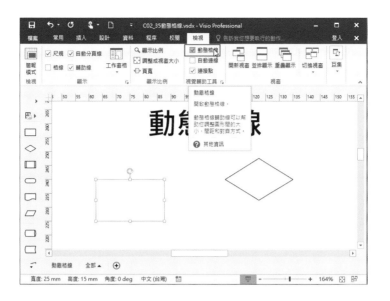

STEP 04 用滑鼠拖曳頁面右側的「決策」基本流程圖圖形,搬移至左側「程序」基本流程圖圖形的右側下方位置,螢幕顯示對齊與等距訊息時,請放開滑鼠左鍵,即結束「決策」基本流程圖圖形的搬移拖曳。

加強宣導 善用「輔助視覺工具」,可以同時完成圖件所需的所有動作項目。

一、超連結（ Ctrl + K ）

使用時機

　　對於繪製完整且大量圖件的頁面，通常無法在一個頁面中呈現所有圖件時，建議您可改以多個工作頁面呈現。而呈現的上、下頁面之間的關係，就必須使用圖件間的「連結」技巧，來完成上、下頁面之間的連結。一般使用的「連結」技巧是「插入」索引標籤中的「超連結」項目，建議您改用鍵盤上的組合鍵 Ctrl + K 鍵。

使用技巧

　　請依下列方法進行「超連結」的使用。

STEP 01　點選「檔案」索引標籤→點選「開啟舊檔」清單項目。

STEP 02　點選「C02_36 超連結 .vsdx」範例檔案名稱→點選「開啟」按鈕。

STEP 03　點選「下一頁」頁籤名稱→點選「上一頁」圓形圖件。

STEP 04　請按鍵盤上的組合鍵 Ctrl + K 鍵→點選「子位址」標籤名稱右側的「瀏覽」按鈕。

STEP 05 選取「上一頁」頁面名稱→點選「確定」按鈕。

STEP 06 點選「確定」按鈕。

STEP 07 您可以移動滑鼠至「上一頁」圖件上方，即有「超連結圖示符號」顯示。

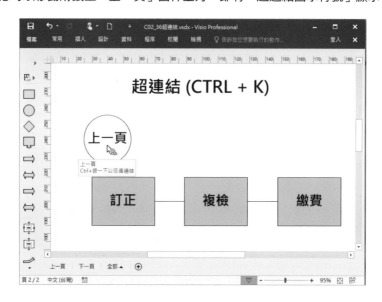

二、自動調整頁面

使用時機

　　在繪製大量圖件過程中，若發現繪圖頁面的尺寸不對時，如需調整繪圖頁面的長寬尺寸，一般的作法是重新設定「頁面版面設定」，或是使用滑鼠拖曳「頁面邊緣」，進行調整繪圖頁面的長寬尺寸，建議您可以啟用「自動調整大小」的功能。

使用技巧

　　請依下列方法啟用「自動調整大小」的功能設定。

STEP 01 點選「檔案」索引標籤→點選「開啟舊檔」清單項目。

STEP 02 點選「C02_37 自動調整頁面.vsdx」範例檔案名稱→點選「開啟」按鈕。

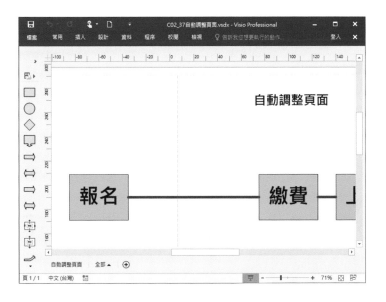

STEP 03 點選「設計」索引標籤→點選「版面設定」群組名稱中的「自動調整大小」圖示鈕。

STEP 04 請用滑鼠左鍵拖曳搬移「報名」圖件至右側繪圖頁面工作區域中，您可立即由螢幕顯示自動調整頁面的結果。

三、複製頁面

使用時機

　　繪製圖件完成後，如需複製整個繪圖頁面，一般作法是選取繪圖頁面中所有的圖件，然後增加頁面，於新的頁面上按鍵盤上的組合鍵 Ctrl + V 鍵貼上。建議您可以改用「複製頁面」這項功能，進行「繪圖頁面」的重製。

使用技巧

　　請依下列方法進行「複製頁面」的使用。

STEP 01　點選「檔案」索引標籤→點選「開啟舊檔」清單項目。

STEP 02　點選「C02_38 複製頁面 .vsdx」範例檔案名稱→點選「開啟」按鈕。

STEP 03　使用滑鼠右鍵按一下「複製頁面」頁面標籤→點選「重複」清單項目。

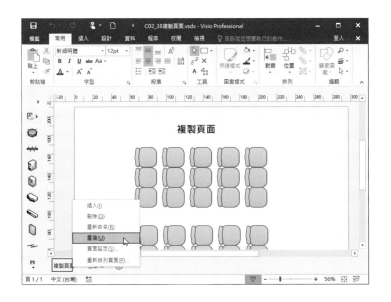

STEP 04 Visio 2016 立即為您重製一份完整的「複製頁面」。

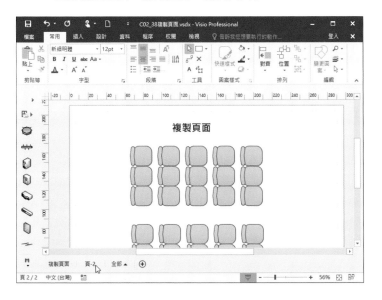

加強宣導 請善用滑鼠右鍵清單項目中所提供的快捷功能。

2.10　組件技巧

一、合併作業

使用時機

　　對於「創意圖件」製作，通常是比較不易製作與產生，Visio2016 提供許多方式可以讓使用者輕鬆完成「創意圖件」的製作。您可以運用「合併圖件」的技巧，將多個不同的圖件合併成一個新的圖件，也可以運用「合併」，完成不規則組合的圖件設計。

使用技巧

　　請依下列方法執行「合併圖件」的設計。

STEP 01　點選「檔案」索引標籤→點選「開啟舊檔」清單項目。

STEP 02　點選「C02_39合併作業 .vsdx」範例檔案名稱→點選「開啟」按鈕。

STEP 03　請按鍵盤上的組合鍵 Ctrl + A 鍵，進行全選。

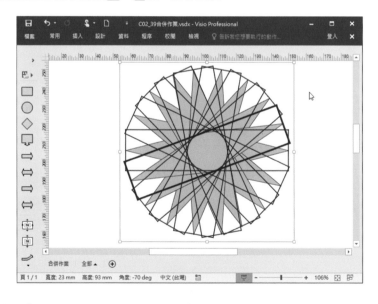

STEP 04　點選「開發人員」索引標籤→點選「圖形設計」群組項目中的「作業」圖示項目→點選「合併」項目。

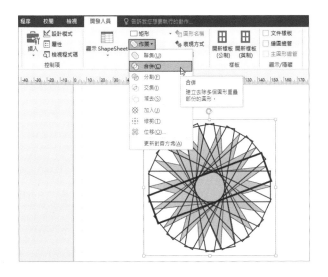

STEP 05 Visio 的合併功能是偶數區域重疊會消除而留下奇數區域,結果如下圖所示。

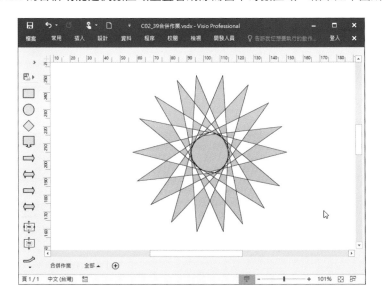

💬 🈴強
🈴宣導 「合併作業」只有偶數重疊物件會去除,並呈現中空現象。

二、聯集作業

使用時機

對於「創意圖件」製作，通常是比較不易製作與產生，Visio 2016 提供許多方式可以讓使用者輕鬆完成「創意圖件」的製作。您可以運用「聯集圖件」的技巧，將多個不同的圖件合併成一個新的圖件，也可以運用「聯集」完成不規則組合的圖件，設計出想要設計整合性的圖形。

使用技巧

請依下列方法進行「聯集作業」的使用技巧。

STEP 01 點選「檔案」索引標籤→點選「開啟舊檔」清單項目。

STEP 02 點選「C02_40 聯集作業 .vsdx」範例檔案名稱→點選「開啟」按鈕。

STEP 03 請按鍵盤上的組合鍵 Ctrl + A 鍵，進行全選。

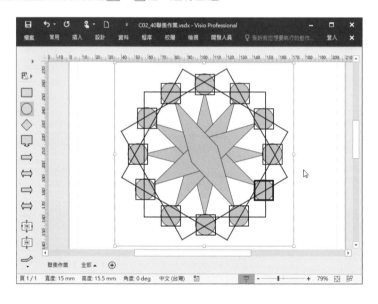

STEP 04 點選「開發人員」索引標籤→點選「圖形設計」群組項目中的「作業」圖示項目→點選「聯集」項目。

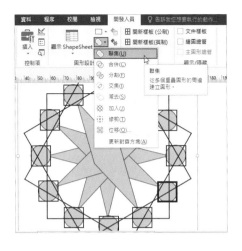

STEP 05 Visio 的聯集功能是一種取重疊區域最大面積構成圖形的結果。

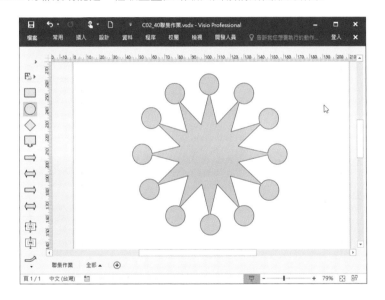

💬 **加強宣導**「聯集作業」是以最大面積構成圖形的結果。

三、分割作業

使用時機

對於「大型圖件」拆解成特殊的圖形製作,通常是比較不易製作與產生,Visio 2016 提供許多方式可以讓使用者輕鬆完成「分割圖件」,您可以運用「分割作業」的技巧將大型圖件拆解成多個新的創意圖件。

使用技巧

請依下列方法進行「分割作業」的使用。

STEP 01 點選「檔案」索引標籤→點選「開啟舊檔」清單項目。

STEP 02 點選「C02_41 分割作業 .vsdx」範例檔案名稱→點選「開啟」按鈕。

STEP 03 請按鍵盤上的組合鍵 Ctrl + A 鍵,進行全選。

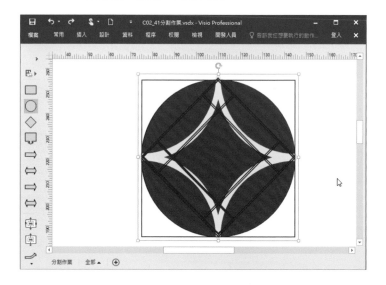

STEP 04 點選「開發人員」索引標籤→點選「圖形設計」群組項目中的「作業」圖示項目→點選「分割」項目。

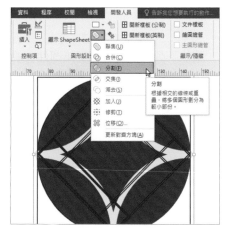

STEP 05 執行完成圖件的「分割作業」功能。您可以自行搬移圖件或重新著色，即可成為創意圖件，結果如下圖所示。

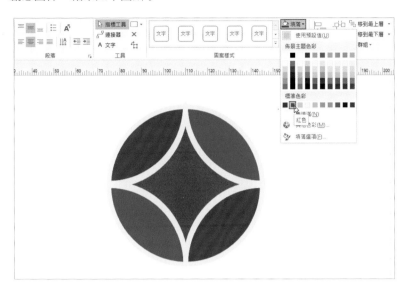

 「分割作業」主要作法是，以構成封閉圖件的重疊來進行圖件分離。

四、交集作業

使用時機

對於「特殊的圖件」合成創意圖件的製作，通常是比較不易製作與產生，Visio 2016 提供許多方式可以讓使用者輕鬆完成「交集圖件」。您可以運用「交集作業」的技巧將特殊的圖件變成創意圖件，「交集」的技巧將多個重疊物件變成單一最小面積物件。

使用技巧

請依下列方法進行「交集圖件」的設計。

STEP 01 點選「檔案」索引標籤→點選「開啟舊檔」清單項目。

STEP 02 點選「C02_42 交集作業 .vsdx」範例檔案名稱→點選「開啟」按鈕。

STEP 03 請按鍵盤上的組合鍵 Ctrl + A 鍵，進行全選。

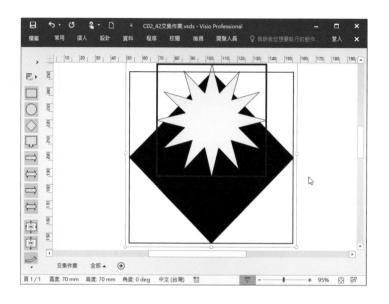

STEP 04 點選「開發人員」索引標籤→點選「圖形設計」群組項目中的「作業」圖示項目
→點選「交集」項目。

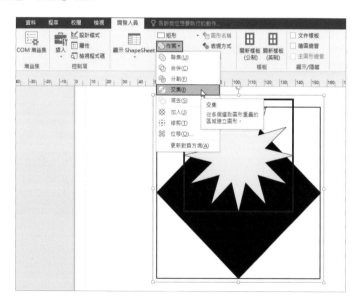

STEP 05 交集作業是重疊部分被保留，沒有奇數或偶數重疊的問題，而且所繪製的創意圖
件很好看，結果如下圖所示。

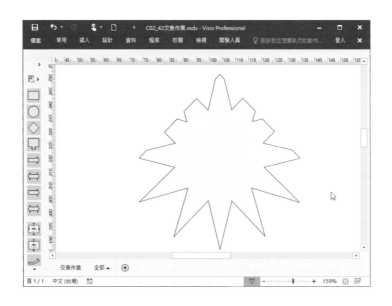

 「交集作業」只保留重疊最小區域的圖形。

五、減去作業

使用時機

　　想要設計截斷的圖形一定要學會圖件的「減去」技巧，您可以善用「減去作業」功能將多個重疊物件變成單一不規則的創意圖件。「減去」可以將圖件非重疊區域保留，即多個圖件的重疊區域會消失。

使用技巧

　　請依下列方法進行「減去圖件」的使用技巧。

STEP 01 點選「檔案」索引標籤→點選「開啟舊檔」清單項目。

STEP 02 點選「C02_43 減去作業 .vsdx」範例檔案名稱→點選「開啟」按鈕。

STEP 03 請用滑鼠按一下「下方圖件」，再按住鍵盤上的 Shift 鍵，以滑鼠左鍵按一下「上方圖件」，即可選取二個圖件範圍。

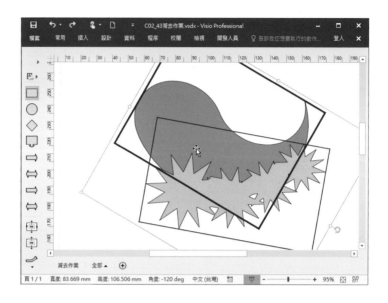

STEP 04 點選「開發人員」索引標籤→點選「圖形設計」群組項目中的「作業」圖示項目
→點選「減去」項目。

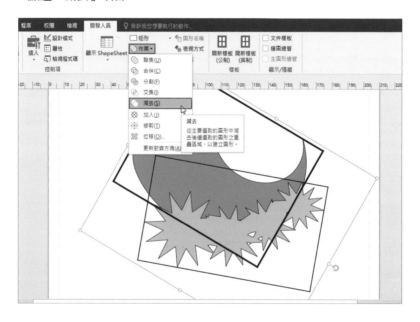

STEP 05 透過「減去作業」這項功能，在上層的圖件被保留非重疊部分，下層圖件會全部
消失，而創新出不一樣的圖件結果，如下圖所示。

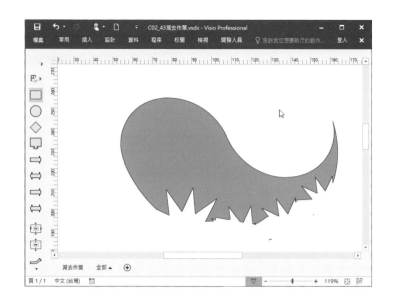

 「減去作業」用於保留上方圖層且非重疊區域的圖形。

六、加入作業

使用時機

　　圖件繪製過程中，如有多個線段圖件需要進行整合，Visio 提供全新的「加入作業」的功能。由於「線段圖件」是屬於不封閉的區域圖件，無法使用上述任何一種「圖件技巧」進行圖件的創作。

使用技巧

　　請依下列方法進行「加入圖件」的使用。

STEP 01 點選「檔案」索引標籤→點選「開啟舊檔」清單項目。

STEP 02 點選「C02_44 加入作業 .vsdx」範例檔案名稱→點選「開啟」按鈕。

STEP 03 請按鍵盤上的組合鍵 Ctrl + A 鍵，進行全選。

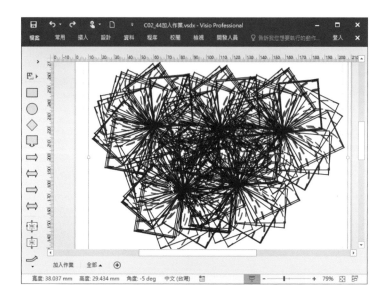

STEP 04 點選「開發人員」索引標籤→點選「圖形設計」群組項目中的「作業」圖示項目
→點選「加入」項目。

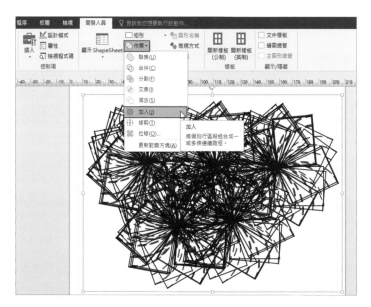

STEP 05 透過「加入作業」這項功能，可以將非封閉的圖件重疊部分一次被保留，進而創
新合併成單一圖件，是否很不一樣呢？完成圖件結果，如下圖所示。

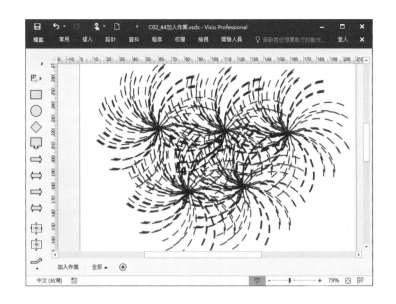

七、修剪作業

使用時機

繪製圖件過程中，如需進行封閉圖件與不封閉圖件的分割，如「圓形圖件」與「線段圖件」，請善用「修剪作業」的這項功能，因「修剪作業」可以讓修剪後的圖件較為自然，這可是 Visio 對圖件製作的新作法唷。

使用技巧

請依下列方法進行「修剪圖件」的使用。

STEP 01 點選「檔案」索引標籤→點選「開啟舊檔」清單項目。

STEP 02 點選「C02_45 修剪作業 .vsdx」範例檔案名稱→點選「開啟」按鈕。

STEP 03 請按鍵盤上的組合鍵 Ctrl + A 鍵，進行全選。

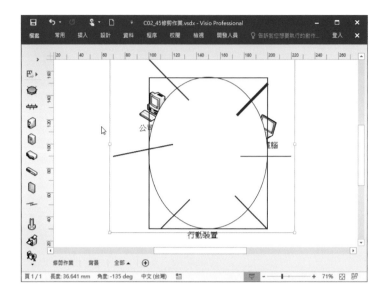

STEP 04 點選「開發人員」索引標籤→點選「圖形設計」群組項目中的「作業」圖示項目
→點選「修剪」項目。

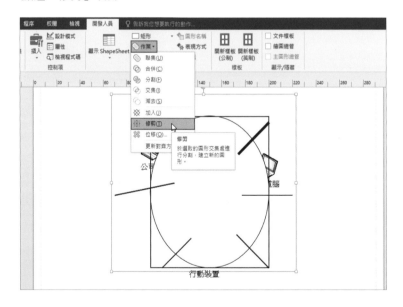

STEP 05 請自行依序用滑鼠左鍵點選壓住下方圖件的任一線段,並按鍵盤上的 Delete 鍵進
行刪除。

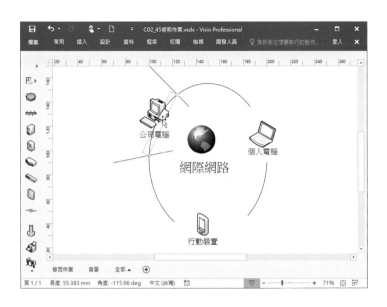

STEP 06 完成多餘的「線段」圖件刪除後，請按鍵盤上的組合鍵 Ctrl + A 鍵，進行全選。

STEP 07 點選「常用」索引標籤→點選「圖形」群組名稱中的「線條」清單項目→點選「箭號」項目中的「單箭頭」圖示項目。

STEP 08 善用「修剪圖件」功能，可以將所有封閉區域圖件與非封閉圖件，經由「修剪」變成多個不規則的單一圖件，此功能可以讓您創新不錯的圖件，結果如下圖所示。

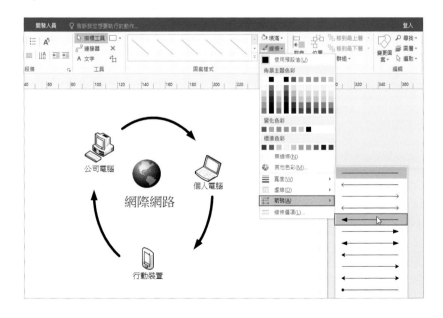

「修剪作業」可以讓設計變得有趣。

八、位移作業

使用時機

　　繪製圖形時，如需繪製中心點相同的圖件，如：同心圓，您可以運用 Visio 提供的「位移作業」的功能，進行多個相同中心點的圖件製作。

使用技巧

　　請依下列方法進行「位移作業」的使用。

STEP 01 點選「檔案」索引標籤→點選「開啟舊檔」清單項目。

STEP 02 點選「C02_46 位移作業 .vsdx」範例檔案名稱→點選「開啟」按鈕。

STEP 03 請按鍵盤上的組合鍵 Ctrl + A 鍵，進行全選。

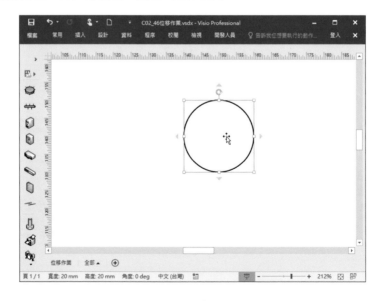

STEP 04 點選「開發人員」索引標籤→點選「圖形設計」群組項目中的「作業」圖示項目→點選「位移」項目。

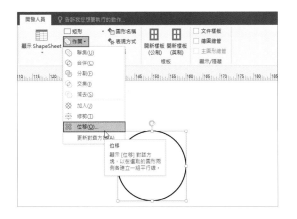

STEP 05 在「位移」對話框中,於「位移距離」標籤右側文字框中鍵入「10mm」間距值 →點按「確定」按鈕。

STEP 06 請重複執行步驟 4 到 7 數次,即可獲得全新的圖件繪製結果。同心圓的圖件繪製 結果,如下圖所示。

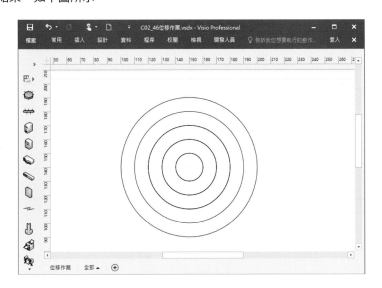

💬 加強 宣導 「位移作業」的執行次數過多時,會產生重疊效應。

03
| CHAPTER |

進階圖件繪圖技巧

3.1 轉換技巧

一、曲線轉換

使用時機

在繪製圖件有可能需要快速將線段由直線變成曲線，您可以運用「連接線」的轉變「曲線」功能，完成「直線」繪圖轉換成「曲線」圖件的轉換問題。

使用技巧

請依下列方法進行「曲線轉換」的使用。

STEP 01 點選「檔案」索引標籤→點選「開啟舊檔」清單項目。

STEP 02 點選「C03_01曲線轉換.vsdx」範例檔案名稱→點選「開啟」按鈕。

STEP 03 請按鍵盤上的組合鍵 Ctrl + A 鍵，進行全選。

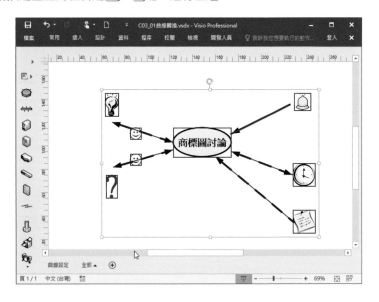

STEP 04 點選「設計」索引標籤→點選「版面配置」群組名稱中的「連接器」項目。

STEP 05 點選「曲線」圖示項目。

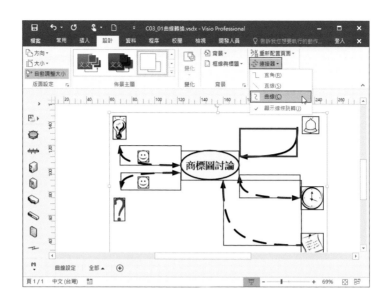

💬

加強
宣導 不同的圖件可以同時處理套用不同的「線條」圖件設定。

二、變更圖案

使用時機

繪製圖件如需快速變更圖件樣式與外觀形狀，您可以善用 Visio 提供的「變更圖案」這項功能，足以「變更圖件」快速完成工作項目。

使用技巧

請依下列方法進行「變更圖案」的使用。

STEP 01 點選「檔案」索引標籤→點選「開啟舊檔」清單項目。

STEP 02 點選「C03_02 變更圖案 .vsdx」範例檔案名稱→點選「開啟」按鈕。

STEP 03 請按鍵盤上的組合鍵 Ctrl + A 鍵，進行全選。

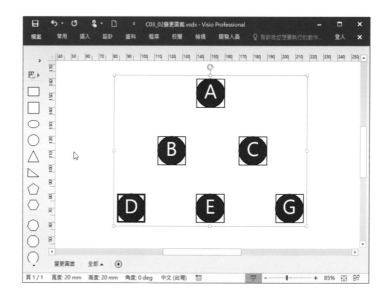

STEP 04 點選「常用」索引標籤→點選「編輯」群組名稱中的「變更圖案」群組項目。

STEP 05 點選「矩形」圖示項目。

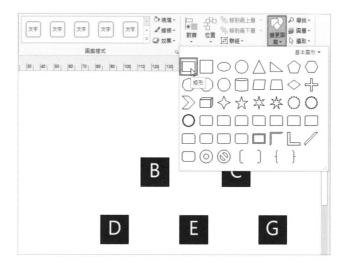

加強
宣導 繪製的圖件是可以隨時任意變更圖案的。

三、位移連接點（ Shift + Ctrl + 1 ）

使用時機

在繪製圖件與圖件之間的連接線時，如為直接連接圖件易產生「連接點」及「連接線」太過緊密的問題，於列印圖件時也會造成繪圖頁面美觀的問題，一般的使用者會一一將「線段」圖件與「連接點」圖件分開製作，並群組整合「線段」圖件與「連接點」圖件，其實您可以運用「位移連接點」的技術，來解決修正連接點的位置。

使用技巧

請依下列方法進行「位移連接點」的使用。

STEP 01 點選「檔案」索引標籤→點選「開啟舊檔」清單項目。

STEP 02 點選「C03_03 位移連接點 .vsdx」範例檔案名稱→點選「開啟」按鈕。

STEP 03 用滑鼠左鍵點選「社區」圓形圖件。

STEP 04 點選「常用」索引標籤→點選「工具」群組名稱中的「連接點」圖示項目，或是使用鍵盤上的組合鍵 Shift + Ctrl + 1 鍵，啟用「連接點」工具。

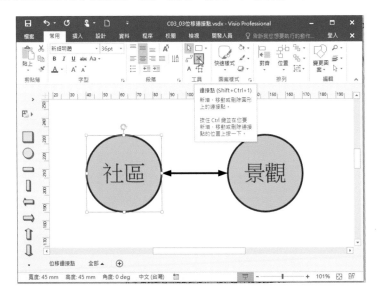

STEP 05 用滑鼠左鍵直接搬移「社區」圓形圖件右方的「連接點」，往右移動。

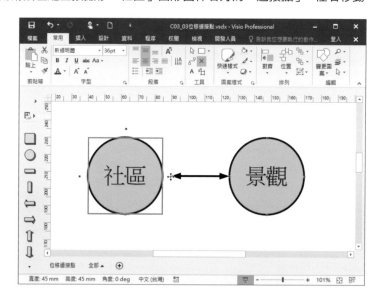

STEP 06 用滑鼠左鍵直接搬移「景觀」圓形圖件左方的「連接點」，往左移動。請自行調整連接點位置，其連接點依然會與圖件保持連結關係。

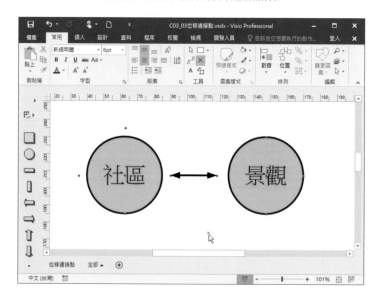

加強宣導 使用鍵盤上的組合鍵 Ctrl + 1 鍵，可以回到「指標」工具。

四、增加連接點

　　繪製圖件過程中，若需要「N」圖件之間的連接，有可能因連接點不足，造成圖件無法順利連接，Visio 提供「增加連接點」的功能，讓您可以解決與修正連接點自訂數量的功能，並完成「圖件連接」的問題。

使用技巧

　　請依下列方法進行「增加連接點」的製作。

STEP 01 　點選「檔案」索引標籤→點選「開啟舊檔」清單項目。

STEP 02 　點選「C03_04 增加連結點 .vsdx 範例檔案名稱→點選「開啟」按鈕。

STEP 03 　點選左側的「中心」圖件。

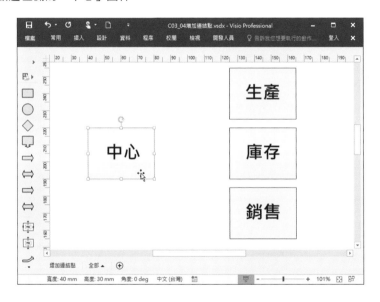

STEP 04 　點選「常用」索引標籤→點選「工具」群組名稱中的「連接點」圖示項目或是使用鍵盤上的組合鍵 Shift + Ctrl + 1 鍵。

STEP 05 　請於「中心」圖件上、右、左、下方位置，按住鍵盤上的 Ctrl 鍵，並以滑鼠左鍵點按，即可增加連接點。

STEP 06 完成連接點的增加設定。請自行點選「常用」索引標籤→點選「工具」群組名稱的「連接器」工具項目，或使用鍵盤上的組合鍵 Ctrl + 3 鍵，將「中心」圖件與其他的圖件重新連接。

加強
宣導 刪除「連接點」時，請按鍵盤上的 Delete 鍵。

3.2 頁面技巧

一、輔助線切割法

使用時機

當繪製數個圖件且需進行均分切割時，一般作法是採用「逐一切割」的繪製技巧，Visio 可以使用「輔助線」進行「圖件」的快速切割，以解決使用者的「圖件切割」問題。

使用技巧

請依下列方法進行「輔助線切割」的使用。

STEP 01 點選「檔案」索引標籤→點選「開啟舊檔」清單項目。

STEP 02 點選「C03_05輔助線切割法 .vsdx」範例檔案名稱→點選「開啟」按鈕。

STEP 03 用滑鼠左鍵從左側「垂直尺規」直接拖曳至繪圖頁面區的「85」位置後，螢幕會自動產生垂直輔助線。

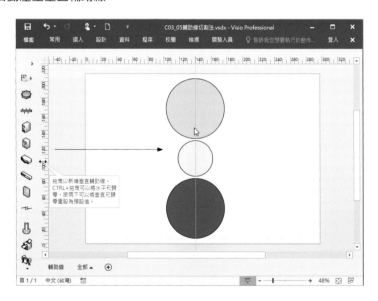

STEP 04 請按鍵盤上的組合鍵 Ctrl + A 鍵，進行全選。

STEP 05 點選「開發人員」索引標籤→點選「圖形設計」群組名稱中的「作業」項目→點選「分割」項目。

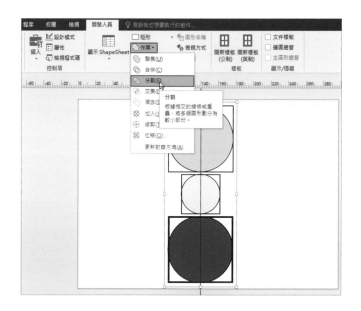

STEP 06 請自行點選「指標工具」圖示項目，自由調整分割的圖件，如：旋轉、搬移。完成圖件結果，如下圖所示。

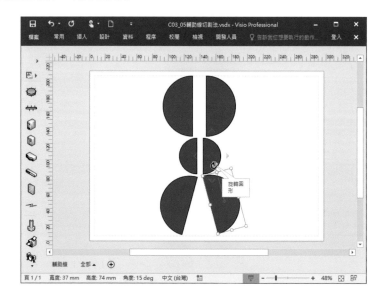

加強宣導 輔助線可以有垂直、水平二種樣式。

二、輔助線角度切割

使用時機

繪製圖件如需進行角度切割時，可以運用「輔助線」調整角度後，進行圖件的角度切割。請善用這個「角度切割」的技巧，可以讓您快速完成圖件所需的角度切割工作。

使用技巧

請依下列方法進行「輔助線角度切割」的製作。

STEP 01　點選「檔案」索引標籤→點選「開啟舊檔」清單項目。

STEP 02　點選「C03_06 輔助線角度切割 .vsdx」範例檔案名稱→點選「開啟」按鈕。

STEP 03　點選「垂直輔助線」→點選「檢視」索引標籤→點選「顯示」群組名稱中的「工作窗格」項目→點選「大小及位置」圖示項目。

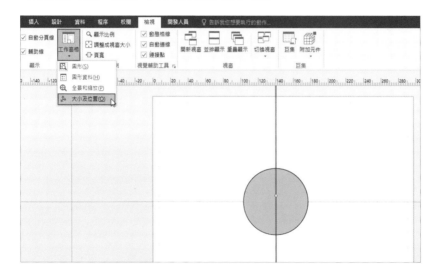

STEP 04 於「大小及位置」區域中的「角度」項目鍵入「45」。

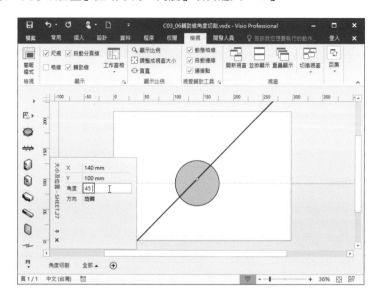

STEP 05 請按鍵盤上的組合鍵 Ctrl + A 鍵，進行全選。

STEP 06 點選「開發人員」索引標籤→點選「圖形設計」群組名稱中的「作業」項目→點選「分割」項目。

STEP 07 請自行點選「指標工具」圖示項目，自由調整分割的圖件，如：旋轉、搬移。完成圖件結果，如下圖所示。

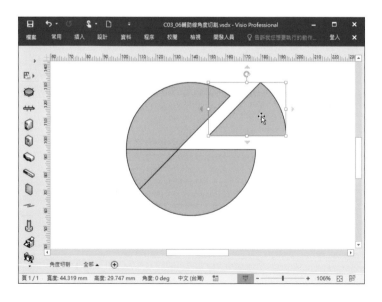

加強宣導 善用輔助線，可以加快圖件的變化。

三、圖件標示尺寸

使用時機

    繪製圖件如需標示圖件尺寸時，一般作法是使用「文字方塊」額外加註說明，但對於繪製圖件而言是不方便的，因為繪製者需先知道圖件的實際尺寸，Visio 2016 提供全新的「功能變數」作法，可讓使用者輕鬆完成圖件標示尺寸的任務。

使用技巧

    請依下列方法進行「標示尺寸」的使用。

STEP 01 點選「檔案」索引標籤→點選「開啟舊檔」清單項目。

STEP 02 點選「C03_07 圖件標示尺寸 .vsdx」範例檔案名稱→點選「開啟」按鈕。

STEP 03 點選左側的「垂直線段」圖件→點選「插入」索引標籤→點選「文字」群組名稱中的「功能變數」項目，或是使用鍵盤上的組合鍵 Ctrl + F9 鍵。

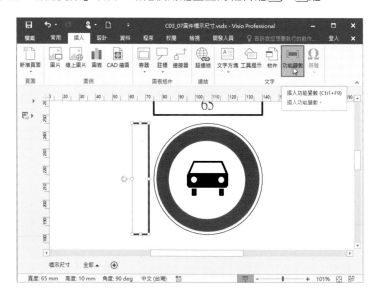

STEP 04 在「欄位」對話框中，點選「幾何」類別標籤項目。

STEP 05 點選「寬度」欄位名稱項目→點選「確定」按鈕。

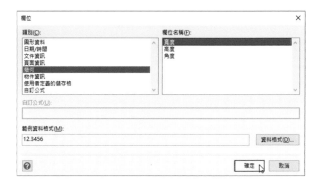

STEP 06 請自行設定字型大小、字型樣式、字型色彩,您也可以改變圖件寬度,即可了解「欄位設定」的優勢。完成結果如下圖所示。

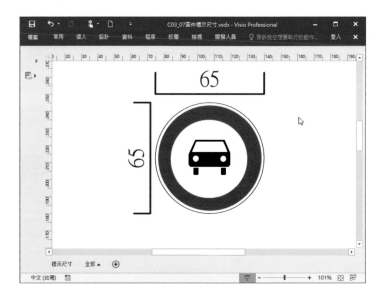

加強
宣導 圖件標示可以透過欄位名稱呈現更多圖件資訊。

四、佈景主題

使用時機

　　繪製完成工作頁面上的所有圖件、圖表後,如需快速套用美美的頁面設計,您可以使用 Visio2016 獨特的「佈景主題」進行改變頁面樣式。

使用技巧

請依下列方法進行「佈景主題」的使用。

STEP 01 點選「檔案」索引標籤→點選「開啟舊檔」清單項目。

STEP 02 點選「C03_08 佈景主題 .vsdx」範例檔案名稱→點選「開啟」按鈕。

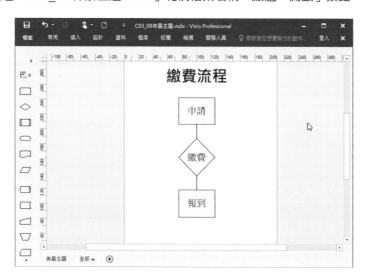

STEP 03 點選「設計」索引標籤→點選「佈景主題」群組名稱中「喜好的佈景」圖示項目，如：積分。

STEP 04 點選「設計」索引標籤→點選「變化」群組名稱中「色彩」項目→點選「有機」圖示項目，如：有機。

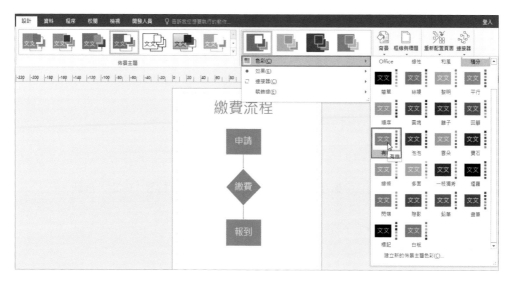

五、自訂背景

使用時機

　　使用者可以自訂繪圖頁面區域的「背景」,您可以使用「背景頁面」進行繪圖頁面的背景設計,以增加企業識別的風格。使用鍵盤上的組合鍵 Shift + F5 鍵,啟用「版面設定」功能項目。

使用技巧

　　請依下列方法進行「自訂背景」的設計。

STEP 01 點選「檔案」索引標籤→點選「開啟舊檔」清單項目。

STEP 02 點選「C03_09 自訂背景 .vsdx」範例檔案名稱→點選「開啟」按鈕。

STEP 03 用滑鼠右鍵點選「背景」頁面標籤→點選「頁面設定」清單項目。

STEP 04 點選「頁面屬性」標籤項目中的「背景」類型項目→點選「確定」按鈕。

STEP 05 用滑鼠右鍵點選「前景」頁面標籤→點選「頁面設定」清單項目。

STEP 06 點選「頁面屬性」標籤項目中的「前景」類型項目→點選「背景」背景選項→點選「確定」按鈕。

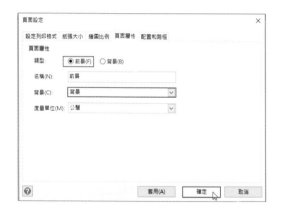

　　依上述的設定您可以輕鬆完成「繪圖頁面」的「背景」設定。本案例中，作者已事先設計好背景內容，您也可以自行設計背景內容，再進行「繪圖頁面」的「背景」設定。完成結果如下圖所示。

> 加強
> 宣導　自訂背景可以展現出多層次繪圖頁面的效果。

六、背景樣式

使用時機

　在繪圖頁面的「背景樣式」中，使用者可以自行加入自己的「色彩」與「樣式」，也可以套用 Visio 提供的「背景樣式」，如此可以讓繪圖頁面變得更加美化。

使用技巧

　請依下列方法進行「背景樣式」的設定。

STEP 01 點選「檔案」索引標籤→點選「開啟舊檔」清單項目。

STEP 02 選取「C03_10 背景樣式 .vsdx」範例檔案名稱→點選「開啟」按鈕。

STEP 03 點選「設計」索引標籤→點選「背景」群組項目中的「背景」清單項目→點選「科技色系」樣式項目。

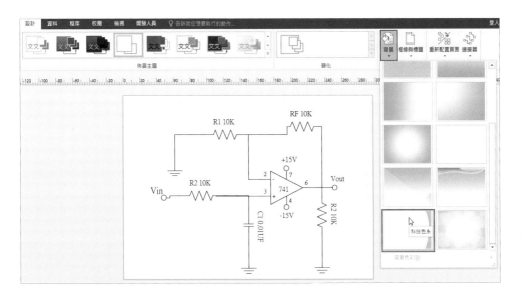

STEP 04 此方式會自動增加一頁「Visio背景1」的背景頁面。請自行套用佈景主題的樣式，如：有機。完成結果如下圖所示。

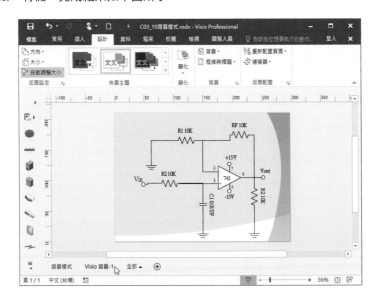

加強
宣導　背景樣式混搭佈景主題樣式，可以快速美化繪圖頁面。

七、配置頁面

使用時機

　　繪圖頁面中的相關圖件連接線複雜度高時，對於閱讀頁面的使用者是非常不易解讀的。您可以將繪圖頁面中的圖件「重新配置」，以便於使用者了解繪圖頁面的圖件傳遞資訊。

使用技巧

　　請依下列方法進行「配置頁面」的使用。

STEP 01 點選「檔案」索引標籤→點選「開啟舊檔」清單項目。

STEP 02 點選「C03_11 配置頁面 .vsdx」範例檔案名稱→點選「開啟」按鈕。

STEP 03 請按鍵盤上的組合鍵 Ctrl + A 鍵，進行全選。

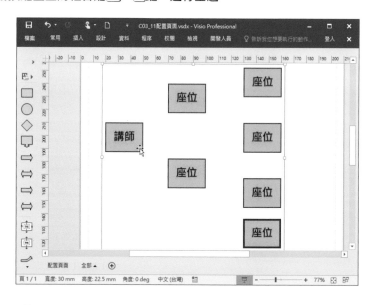

STEP 04 點選「設計」索引標籤→點選「版面配置」群組名稱中的「重新配置頁面」項目。

STEP 05 點選「壓縮樹狀結構」標籤選項下的「下、右」圖示項目。

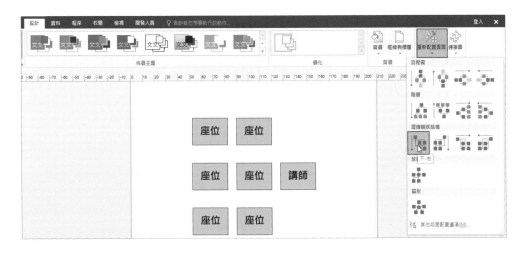

03
CHAPTER
進階圖件繪圖技巧

加強宣導 善用「重新配置頁面」方式，可以快速重新為繪圖頁面中的圖件進行全新的頁面版面編排。

3.3 形狀清單

一、形狀清單

使用時機

　　繪製圖件如需將繪製好的「矩形圖件」變成「三角形圖件」時，一般的作法是使用「作業」技巧完成不同圖件的組合與分割，建議您可以改用「形狀清單」這項功能進行圖件的改造。

使用技巧

　　請依下列方法進行「形狀清單」的製作。

STEP 01 點選「檔案」索引標籤→點選「開啟舊檔」清單項目。

STEP 02 點選「C03_12形狀清單.vsdx」範例檔案名稱→點選「開啟」按鈕。

STEP 03 點選「矩形圖件」→點選「開發人員」索引標籤→點選「圖形設計」群組名稱中的「顯示 ShaeSheet」項目→點選「圖形」清單項目。

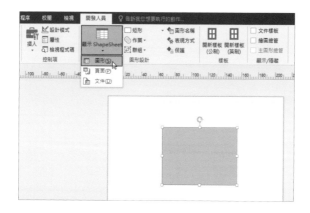

STEP 04 用滑鼠右鍵點選「形狀清單」視窗中的「Geometry1」幾何標籤下的「LineTo」
第 3 個節點項目。

STEP 05 點選「刪除列」清單項目。

STEP 06 點選「關閉」按鈕。請自行點選「指標工具」圖示,然後調整旋轉「圖件角度」。
完成結果如下圖所示。

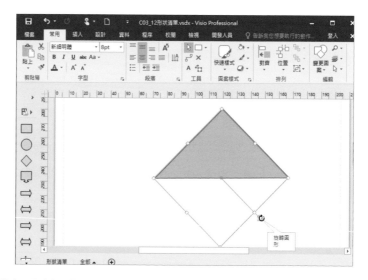

加強
宣導 善用幾何圖形的變化，可以設計出不一樣的圖件。

二、創意箭頭

使用時機

「創意箭頭」的設計是非常特別的手法作品，一般的作法是直接使用「線段」修改端點變成箭頭符號，建議您可以改用「形狀清單」的設計手法，創造出另類「創意箭頭」的設計。

使用技巧

請依下列方法進行「創意箭頭」的設計。

STEP 01 點選「檔案」索引標籤→點選「開啟舊檔」清單項目。

STEP 02 點選「C03_13 創意箭頭 .vsdx」範例檔案名稱→點選「開啟」按鈕。

STEP 03 請按鍵盤上的組合鍵 Ctrl + A 鍵，進行全選。

STEP 04 點選「開發人員」索引標籤→點選「圖形設計」群組名稱中的「作業」項目→點選「加入」項目。

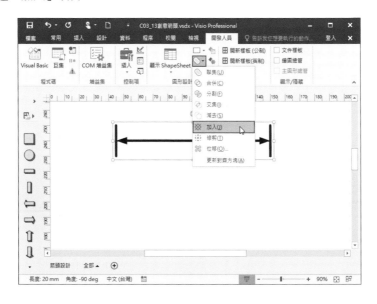

STEP 05 點選「常用」索引標籤→點選「圖案樣式」群組名稱中的「線條」項目→點選「箭號」項目。

STEP 06 點選「雙箭頭段」清單項目。

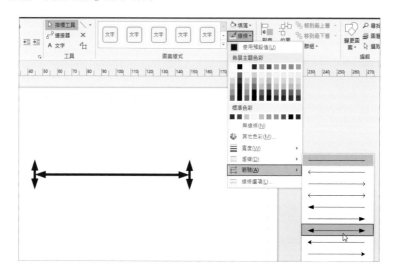

STEP 07 點選「開發人員」索引標籤→點選「圖形設計」群組名稱中的「顯示 ShapeSheet」項目→點選「圖形」清單項目。

STEP 08 點選「形狀清單」視窗中的「Geometry2」幾何標籤，設定「Geometry2」標籤項目中的「Geometry2.NoFill」值為「FALSE」；點選「形狀清單」視窗中的「Geometry3」幾何標籤，設定「Geometry3」標籤項目中的「Geometry3.NoFill」值為「FALSE」。

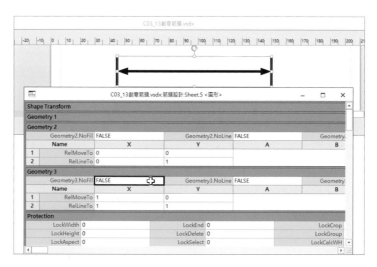

STEP 09 點選「關閉」按鈕，即可看到創意箭頭。完成結果如下圖所示。

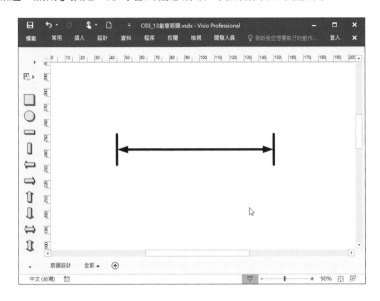

💬 **加強宣導** 「創意圖件」是可以整合圖件作業及進行增加區段的設計。

三、創意半圓

使用時機

　　「創意半圓」圖件設計是非常特別的作品，一般作法是直接使用「圓形圖件」搭配「線段圖件」的重疊方式，並使用「分割圖件」的技巧完成「創意半圓」圖件的製作，建議您改用「形狀清單」的設定方式完成「創意半圓」圖件的製作。

使用技巧

　　請依下列方法進行「創意半圓」的製作。

STEP 01 點選「檔案」索引標籤→點選「開啟舊檔」清單項目。

STEP 02 點選「C03_14 創意半圓 .vsdx」範例檔案名稱→點選「開啟」按鈕。

STEP 03 點選「圓形」圖件→點選「開發人員」索引標籤→點選「圖形設計」群組項目中的「顯示 ShapeSheet」項目→點選「圖形」清單項目。

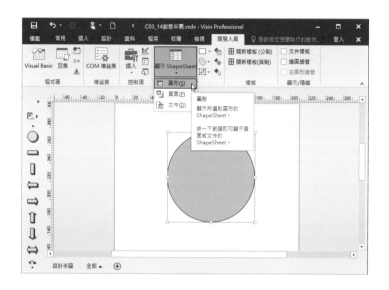

STEP 04 用滑鼠右鍵點選「形狀清單」視窗中的「Geometry1」幾何標籤項目中的第一個「EllticalArcTo」項目→點選「變更列的類型」清單項目。

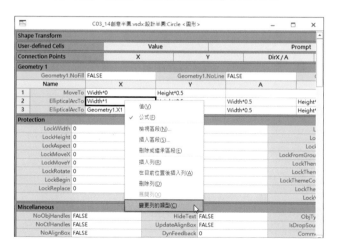

STEP 05 點選「變更列的類型」視窗中的「LineTo」絕對列類型標籤項目→點選「確定」按鈕。

STEP 06 點選「關閉」按鈕，即可看到全新的「創意半圓」圖件。完成結果如下圖所示。

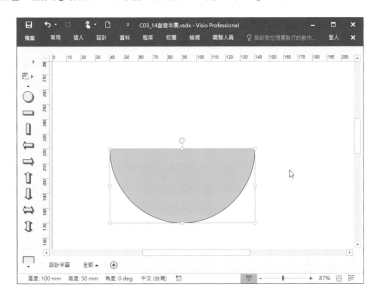

 幾何圖形的設計透過更改類型，可以有不同的形狀變化。

3.4 資料技巧

一、匯出資料

使用時機

面對不同的繪圖系統環境，如需使用的圖件數量龐大時，圖件的傳遞容量會造成不易傳輸，您可以善用 Visio 2016 的「匯出資料」功能，它可是 Visio 2016 在資料傳遞上不可少的功臣。

使用技巧

請依下列方法進行「匯出資料」的使用。

STEP 01 點選「檔案」索引標籤→點選「開啟舊檔」清單項目。

STEP 02 點選「C03_15 匯出資料 .vsdx」範例檔案名稱→點選「開啟」按鈕。

STEP 03 點選「組織圖」索引標籤→點選「組織資料」群組項目中的「匯出」圖示項目。

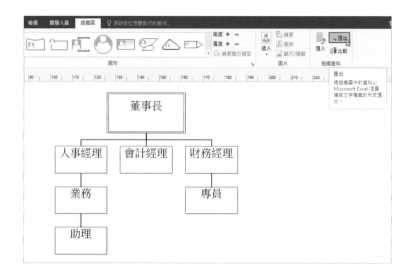

STEP 04 在「匯出組織資料」視窗中，點選「資料」儲存位置→鍵入「匯出的資料」儲存檔案的新名稱→點選「儲存」按鈕。

STEP 05 系統會顯示匯出成功的訊息，請點選「確定」按鈕。

資料匯出可以快速完成資料統計工作。

二、匯入資料

使用時機

Visio 2016 不僅能將圖件資料匯出，也可以讓您輕鬆匯入外部的圖件資料。您可以練習前一節的「匯出資料」，再運用「匯出資料」的結果進行「匯入資料」。

使用技巧

請依下列方法進行「匯入資料」的使用。

STEP 01 點選「檔案」索引標籤→點選「開啟舊檔」清單項目。

STEP 02 點選「C03_16匯入資料.vsdx」範例檔案名稱→點選「開啟」按鈕。

STEP 03 點選「組織圖」索引標籤→點選「組織資料」群組名稱中的「匯入」項目。

STEP 04 點選「組織圖精靈」視窗中的「已經存在檔案或資料庫的資訊」選項→點選「下一步」按鈕。

STEP 05 點選「組織圖精靈」視窗中的「文字、Org Plus(*.txt) 或 Excel 檔案」選項→點選「下一步」按鈕。

STEP 06 點選「組織圖精靈」視窗中的「瀏覽」按鈕→點選「資料範例.XLSX」需要匯入圖件檔案名稱→點選「開啟」按鈕。

STEP 07 點選「組織圖精靈」視窗中的「下一步」按鈕。

STEP 08 在「組織圖精靈」視窗中使用預設值即可,如:姓名、上司→點選「下一步」按鈕。

STEP 09 在「組織圖精靈」視窗中
使用預設值即可，如：顯
示欄位→點選「下一步」
按鈕。

STEP 10 在「組織圖精靈」視窗中
請使用預設值即可，如：
圖形資料欄位→點選「下
一步」按鈕。

STEP 11 點選「組織圖精靈」視窗
中的「不要在我的組織圖
內包含圖片」，您可以從
電腦或網路位置匯入圖片
的選項→點選「下一步」
按鈕。

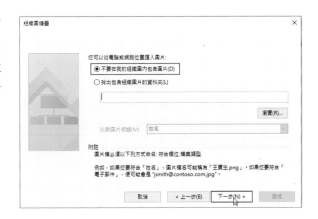

點選「組織圖精靈」視窗中的「讓精靈自動將我的組織圖分成多頁」項目中的預設值,如:最上層主管→點選「完成」按鈕。

Visio 2016 對於資料組織的導入變得相當簡易上手。「匯入資料」的完成結果,如下圖所示。

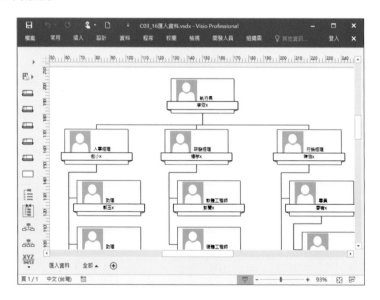

善用「匯入資料」,可以快速建置組織圖結構。

三、插入物件

使用時機

工作時，若需繪製的圖件無法自行產生，如：表格資料，您可能需要使用外部的表格資料，一般的作法是使用「複製」、「貼上」等方式，來完成外來的表格資料導入。您可改用 Visio 2016 提供的「插入物件」功能，幫助您完成導入外部的物件資料。

使用技巧

請依下列方法進行「插入物件」的使用。

STEP 01 點選「檔案」索引標籤→點選「開啟舊檔」清單項目。

STEP 02 點選「C03_17 插入物件 .vsdx」範例檔案名稱→點選「開啟」按鈕。

STEP 03 點選「插入」索引標籤→點選「文字」群組名稱中的「物件」項目。

STEP 04 點選「插入物件」視窗中的「從檔案建立」選項項目→點選「瀏覽」按鈕→點選「名冊 .XLSX」為匯入物件檔案名稱→點選「開啟」按鈕。

STEP 05 請自行決定是否需要勾選「連結至檔案」選項→點選「確定」按鈕。

STEP 06 Visio 2016 對於外部物件資料的導入非常容易上手。「插入物件」檔案的完成結果，如下圖所示。

「插入物件」可以同步變更試算表的資料內容。

四、保護圖件

使用時機

　　對於繪製頁面中的圖件應須保護，以防止圖件變更或資訊異動，如您有此需求，則可以運用 Visio 2016 提供的「保護」功能，以達到防止圖件可能被誤刪誤改的問題。

使用技巧

請依下列方法進行「保護圖件」的使用。

STEP 01 點選「檔案」索引標籤→點選「開啟舊檔」清單項目。

STEP 02 點選「C03_18 保護圖件 .vsdx」範例檔案名稱→點選「開啟」按鈕。

STEP 03 點選「無法刪除」圖件→點選「開發人員」索引標籤→點選「圖形設計」群組名
稱中的「保護」圖示項目。

STEP 04 在「保護」視窗中點選「全部」按鈕→點選「確定」按鈕。

STEP 05 系統會顯示「保護」警告訊息對話視窗，點選「確定」按鈕。

請自行點選「指標工具」圖示項目，試著移動「無法刪除」圖件，您會發現「無法刪除」圖件無法移動，請再按鍵盤上的 Delete 鍵，系統會顯示圖件無法刪除且受到保護的訊息。

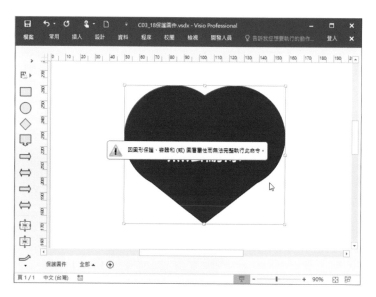

 此方式可以輕鬆為繪圖頁面中的圖件進行保護設定。

3.5 檔案技巧

一、檔案瘦身

使用時機

　　對於繪製複雜圖件或是圖件太多的頁面，在實務上易造成檔案過大的問題，Visio 2016 有提供全新的「減少檔案大小」功能，足以讓您輕易對檔案過大的繪圖檔案進行「檔案瘦身」。

使用技巧

　　請依下列方法進行「檔案瘦身」的使用。

STEP 01 點選「檔案」索引標籤→點選「開啟舊檔」清單項目。

STEP 02 點選「C03_19 檔案瘦身 .vsdx」範例檔案名稱→點選「開啟」按鈕。請注意檔案的容量約「100.8 KB」。

STEP 03 點選「檔案」索引標籤→點選「資訊」清單項目中的「減少檔案大小」項目。

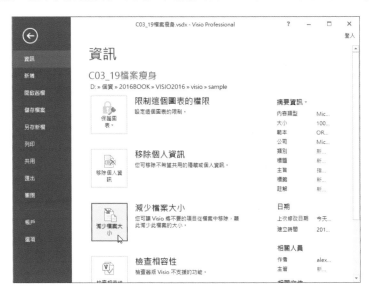

STEP 04 勾選全部的選項，點選「確定」按鈕。

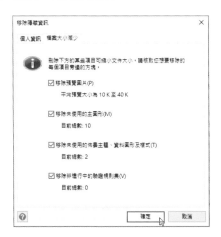

STEP 05 點選「檔案」索引標籤→點選「儲存檔案」項目，您會發現檔案容量少了一點。足以證明 Visio 2016 這個功能好用。

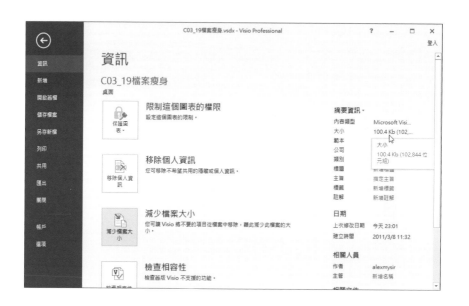

 此方式可以讓檔案瘦身約 80%。

二、移除個人資訊

使用時機

　　辛苦繪製的檔案會有一些個人資訊需要受到保護，您可以使用「移除個人資訊」的功能進行保護檔案中的個人資訊。

使用技巧

　　請依下列方法進行「移除個人資訊」的使用。

STEP 01 點選「檔案」索引標籤→點選「開啟舊檔」清單項目。

STEP 02 點選「C03_20 移除個人資訊 .vsdx」範例檔案名稱→點選「開啟」按鈕。

STEP 03 點選「檔案」索引標籤→點選「資訊」清單項目。

STEP 04 點選「移除個人資訊」項目，即可清除檔案中的個人資訊。

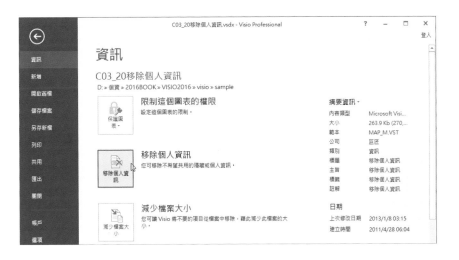

STEP 05 勾選全部的選項，點選「確定」按鈕。

 此方式可以讓個人資訊全部移除。

三、線上範本

使用時機

在 Visio 2016 繪製圖件中，可能需要一些範本進行參考繪製的技巧與方法，您可以使用 Visio 2016 提供的「線上範本」，這是合法的繪圖參考技巧，您可以使用合法的線上範本，來加快工作中的繪製圖件。

使用技巧

請依下列方法進行「線上範本」的使用。

STEP 01 點選「檔案」索引標籤→點選「新增」清單項目。

STEP 02 在線上範本搜尋位置。鍵入「行事曆」文字內容→點選「搜尋」按鈕。

STEP 03 點選「行事曆」圖示。

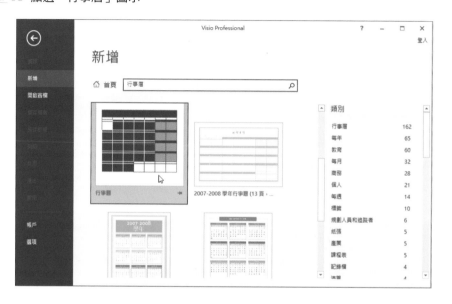

STEP 04 點選「建立」按鈕，即可合法使用「線上範本」。

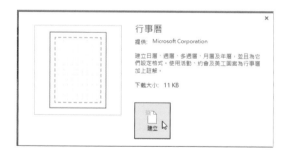

STEP 05 下列為下載使用「行事曆」，並啟用範本的工作頁面。

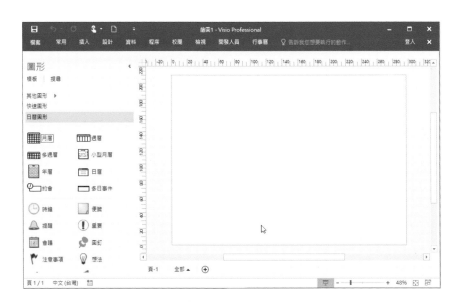

加強
宣導 善用線上範本，可以加快完成繪圖設計，有些範本需要下載才能使用。

四、檔案轉換

使用時機

完成繪製的圖件檔案可以另存成「PDF格式」的檔案，來完成「檔案轉換」的需求。Visio 2016 提供全新的「儲存並傳送」技巧，讓使用者可以輕易完成文件轉換。

使用技巧

請依下列方法進行「檔案轉換」的使用。

STEP 01 點選「檔案」索引標籤→點選「開啟舊檔」清單項目。

STEP 02 點選「C03_21 檔案轉換 .vsdx」範例檔案名稱→點選「開啟」按鈕。

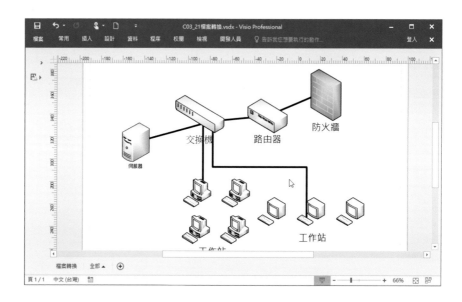

STEP 03 點選「檔案」索引標籤→點選「匯出」清單項目。

STEP 04 點選「建立 PDF/XPS 文件」選項→點選「建立 PDF/XPS」圖示項目。

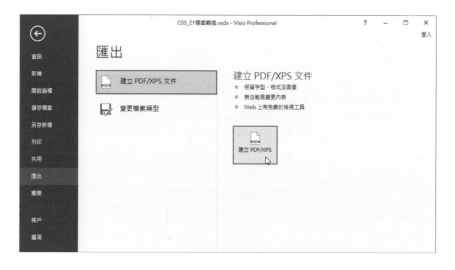

STEP 05 在「發佈成 PDF 或 XPS」視窗中,設定「檔案」儲存位置,鍵入「C03_21 檔案轉換 .df」檔案名稱→點選「發佈」按鈕。

善用「匯出」功能,可以將圖件檔案轉成各種相容的圖件檔案格式。

3.6 額外技巧

一、立體圖

使用時機

　　繪製立體圖件是一種全新的繪圖挑戰,一般圖件只是運用角度變化,來進行類似立體圖件的呈現,其實並沒有真正立體圖件的繪製功能。您可以啟用「輔助線」進行協助立體圖件的繪製。

使用技巧

　　請依下列方法進行「立體圖」的繪製。

STEP 01 點選「檔案」索引標籤→點選「開啟舊檔」清單項目。

STEP 02 點選「C03_22 立體圖 .vsdx」範例檔案名稱→點選「開啟」按鈕。

STEP 03 按鍵盤上的組合鍵 Ctrl + 6 鍵,或是點選「常用」索引標籤的「工具」群組項目中的「線條」圖示項目。

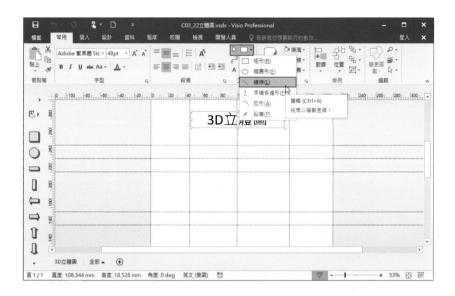

STEP 04 移動滑鼠至左側的「輔助線」，螢幕會提示「黏附到輔助線」訊息，請自行連續進行繪製直線「依輔助線左側位置」。

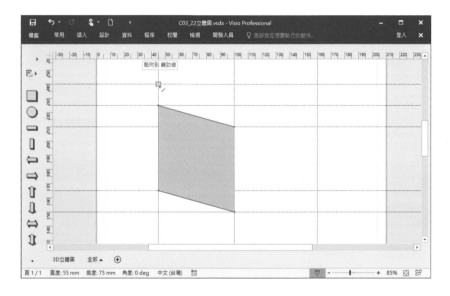

STEP 05 請自行再連續進行繪製直線「依輔助線右側位置」與「依輔助線上方位置」。

STEP 06 按鍵盤上的 Esc 鍵，可結束繪製「直線」工具。您可以自行搬移圖件內位置，來進行圖件的檢查，如下圖所示。

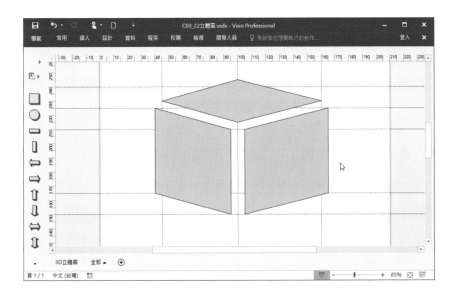

請將全部的圖件「再製」一次，並重新「上色」與「排列順序」，再移除全部的
輔助線，即可完成「立體圖件」的製作。

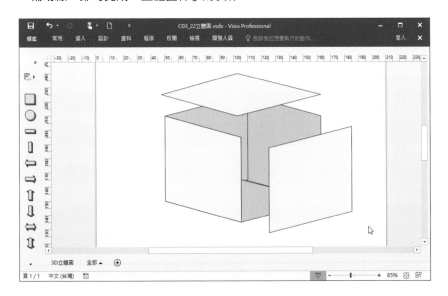

**加強
宣導** 善用輔助線與直線，可以完成任意圖件的建置。

二、陣列圖

Visio 2016 視覺繪圖大師提供「陣列圖」的繪製小工具，如需繪製陣列圖件，您可以使用「排列圖形」功能，來完成陣列圖件的製作。

使用技巧

請依下列方法進行「陣列圖表」的使用。

STEP 01 點選「檔案」索引標籤→點選「開啟舊檔」清單項目。

STEP 02 點選「C03_23 陣列圖 .vsdx」範例檔案名稱→點選「開啟」按鈕。

STEP 03 點選「座位」圖件→點選「檢視」索引標籤→點選「巨集」群組名稱中的「附加元件」圖示項目。

STEP 04 點選「Visio 其他功能」清單項目中的「排列圖形」項目。

STEP 05 在「排列圖形」視窗中的「間距」與「數目」，不論是資料列與資料欄皆鍵入「50」間距值、「3」數目值，其他的設定則使用預設值，然後點選「確定」按鈕。

STEP 06 使用者想要設計的「陣列圖件」可立即呈現，如下圖所示。

 間距數值正數向右或向上，數值為負時反之。

三、圖形編號

使用時機

繪製的圖件有時需要編號，Visio 2016 提供「編號圖形」功能，讓您可以將圖件進行編號。

使用技巧

請依下列方法進行「圖形編號」的使用技巧。

STEP 01 點選「檔案」索引標籤→點選「開啟舊檔」清單項目。

STEP 02 點選「C03_24 圖形編號 .vsdx」範例檔案名稱→點選「開啟」按鈕。

STEP 03 按鍵盤上的組合鍵 Ctrl + A 鍵，選取所有的圖件。

STEP 04 點選「檢視」索引標籤→點選「巨集」群組名稱中的「附加元件」圖示項目。

STEP 05 點選「Visio 其他功能」清單項目中的「編號圖形」項目。

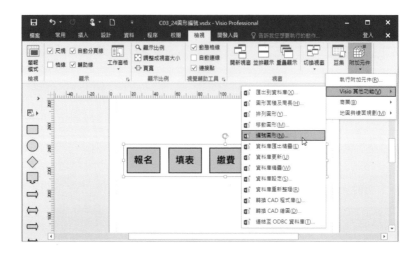

STEP 06 點選「編號圖形」視窗的「作業」項目
中的「自動編號」，其他的設定使用預設
值，然後點選「確定」按鈕。

STEP 07 完成結果如下圖所示。

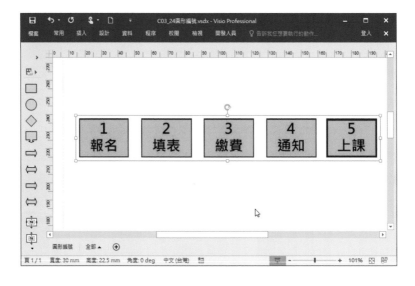

加強宣導 任何圖件皆可設定編號。

四、容器

使用時機

　　繪製數個圖件，需要經過群組設定，方能表示為同一個「屬性」。Visio 2016 提供全新的「容器」功能，可以快速為數個圖件建置群組與標示，有利於圖件的閱讀。

使用技巧

　　請依下列方法進行「容器」的使用。

STEP 01 點選「檔案」索引標籤→點選「開啟舊檔」清單項目。

STEP 02 點選「C03_25 容器 .vsdx」範例檔案名稱→點選「開啟」按鈕。

STEP 03 選取左側所有的「圖件」→點選「插入」索引標籤→點選「圖表組件」清單項目。

STEP 04 點選「容器」項目中的「電線」圖示項目。

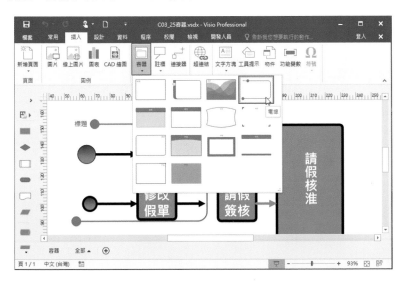

STEP 05 用滑鼠左鍵快按二下「標題」文字，並鍵入「輸入」標題文字。

STEP 06 選取右側所有的圖件→點選「插入」索引標籤→點選「圖表組件」清單項目。

STEP 07 點選「容器」項目中的「電線」圖示項目。

STEP 08 用滑鼠左鍵快按二下「標題」文字，並鍵入「輸出」標題文字。

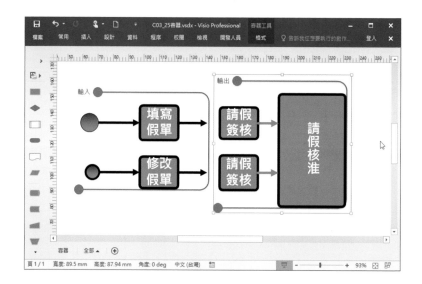

STEP 09 選取右側的「輸出」容器圖件→點選「格式」索引標籤→點選「容器樣式」群組項目中的「標題」項目→點選「標題樣式2」項目項目,即可完成圖件製作的美化,如下圖所示。

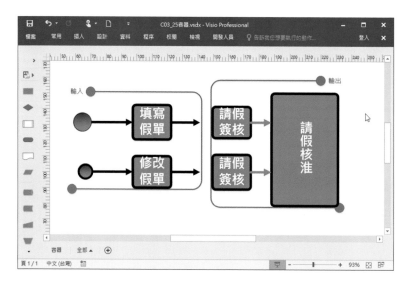

加強宣導 善用「容器」工具,方便表示圖件結構。

五、圖層屬性

　　利用「圖層屬性」可以在 Visio 2016 繪製圖件時，有更大的應用範圍，如需繪製「重疊顯示」的圖件，一般作法須運用多個檔案或多張工作表來構圖完成。建議您可以活用「圖層屬性」功能，來解決「重疊顯示」的問題。

　　請依下列方法進行「圖層屬性」的使用。

STEP 01 點選「檔案」索引標籤→點選「開啟舊檔」清單項目。

STEP 02 點選「C03_26 圖層屬性 .vsdx」範例檔案名稱→點選「開啟」按鈕。

STEP 03 點選「藍色圖件」→點選「常用」索引標籤→點選「編輯」群組名稱中的「圖層」項目。

STEP 04 點選「指定給圖層」圖示項目。

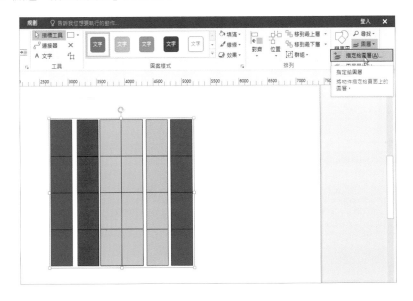

STEP 05 勾選「圖層」視窗中的「A 方案」選項，然後點選「確定」按鈕。

STEP 06 點選「綠色圖件」→點選「常用」索引標籤→點選「編輯」群組名稱中的「圖層」項目→點選「指定給圖層」圖示項目→勾選「圖層」視窗中的「B方案」選項→點選「確定」按鈕。

STEP 07 點選「常用」索引標籤→點選「編輯」群組名稱中的「圖層」項目→點選「圖層屬性」圖示項目→勾選「圖層」視窗中的「A方案」選項，其他不勾選→點選「確定」按鈕。

STEP 08 您可以由下列結果知道屬性的應用。

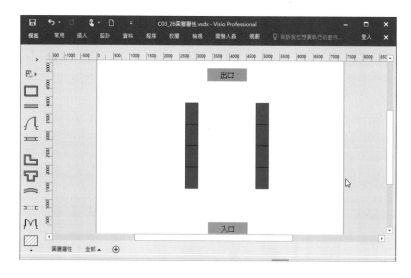

善用「圖層屬性」，可加快圖件呈現技巧。

六、工具提示

使用時機

　　繪製圖件如需要額外的「文字說明」，您可以運用「工具提示」這個功能，讓您所繪製的圖件提高圖件閱讀的資訊。

使用技巧

　　請依下列方法進行「工具提示」的使用。

STEP 01 點選「檔案」索引標籤→點選「開啟舊檔」清單項目。

STEP 02 點選「C03_27工具提示.vsdx」範例檔案名稱→點選「開啟」按鈕。

STEP 03 點選「董監事」圖件圖示→點選「插入」索引標籤→點選「文字」群組名稱中的「工具提示」圖示項目。

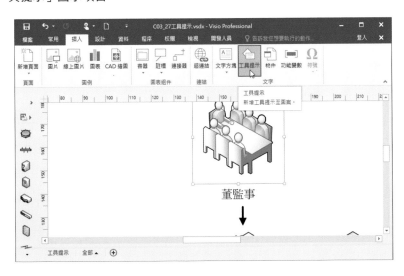

STEP 04 在「圖形工具提示」視窗中，鍵入「董監事一共為5人小組」圖形工具提示的內容，然後點選「確定」按鈕。

您可以自行輸入其他圖示的「圖形工具提示」內容。當滑鼠移至「董監事」圖件時，螢幕會顯示「董監事一共為 5 人小組」的文字說明。

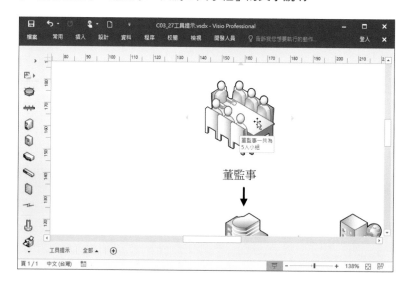

善用「工具提示」，可讓圖件呈現更有閱讀性。

七、單位設定

使用時機

　　繪製圖件一般使用的紙張設定是「A4」紙張尺寸，即寬度 21cm 與高度 29.7cm，紙張的單位是公分，對於大型圖件設計易造成標示比例不正確，即不符合實際單位，例如：7km 可能變成 70cm。您可以透過「繪圖比例」的設定，修正繪圖頁面的圖件單位。

使用技巧

　　請依下列方法進行「單位設定」的使用。

STEP 01 點選「檔案」索引標籤→點選「開啟舊檔」清單項目。

STEP 02 點選「C03_28 單位設定 .vsdx」範例檔案名稱→點選「開啟」按鈕。

STEP 03 您可以看到標示距離有誤「70mm」→點選「設計」索引標籤→點選「版面設定」群組名稱的「群組」按鈕，或是使用鍵盤上的組合鍵 Shift + F5 鍵。

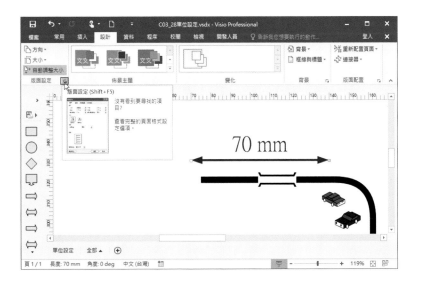

STEP 04　點選「頁面設定」視窗中的「頁面屬性」標籤→設定「度量單位」選項中的「公里」項目。

STEP 05　點選「頁面設定」視窗中的「繪圖比例」標籤→設定「自訂縮放」選項中的比例值「1m = 1Km」項目→點選「確定」按鈕。

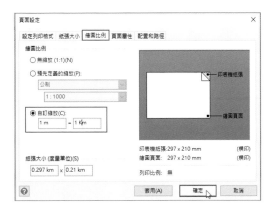

執行上述動作後,您的繪圖頁面會變很小。您可以使用鍵盤上的組合鍵 Ctrl + A 鍵執行全選功能,並請自行調整圖件尺寸、位置。完成結果如下圖所示。

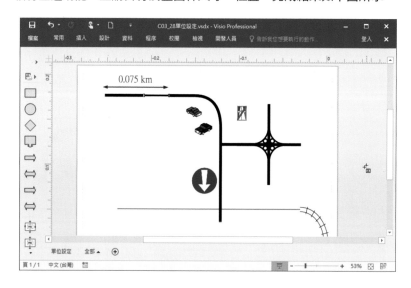

單位重新定義時,一定要修正繪圖比例。

04
| CHAPTER |

實務案例實作

4.1 佈置會議座位圖

單元學習重點

附加元件　圖層設計　列印圖層　資料整合

使用時機

　　透過視覺大師 Visio 2016的「附加元件」，繪製工作上的「會議座位圖」，並結合「會議人員」的資料庫，是一種不錯的實務應用與全新的設計整合技巧。

設計技巧

　　這個單元一共分三個方向進行製作，主要強化「附加元件」、「運用圖層」、「資料整合」的設計與使用。請您依下列方法進行「安排座位圖」的繪製。

附加元件

　　「附加元件」的繪圖方式是一種繪圖捷徑，例如：排列圖形、移動圖形、編號圖形、資料庫精靈等，請依下列步驟進行「附加元件」的使用。

STEP 01　點選「檔案」索引標籤→點選「新增」清單項目。

STEP 02　點選「空白繪圖」圖示項目→點選「建立」圖示按鈕。

STEP 03　點選「常用」索引標籤→點選「工具」群組名稱中的「矩形」工具圖示，或是使用鍵盤上的組合鍵 Ctrl + 8 鍵，在繪圖頁面中繪製一個「座位矩形」圖件。

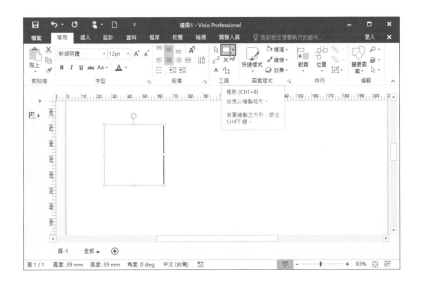

STEP 04 點選「檢視」索引標籤→點選「巨集」群組名稱中的「附加元件」圖示項目→點選「Visio 其他功能」清單項目中的「排列圖形」項目。

STEP 05 在「排列圖形」視窗中的「間距」與「數目」，不論是資料列與資料欄皆鍵入「50」間距值、「3」數目值，其他的設定使用預設值，然後點選「確定」按鈕。

STEP 06 請自行修改圖件色彩。建議每一列不同色系，並重新命名為「座位圖」頁面 -1 的頁籤名稱。

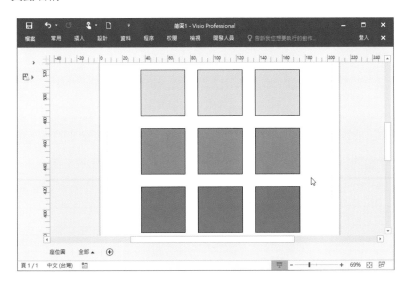

STEP 07 點選「檔案」索引標籤→點選「儲存檔案」清單項目。

STEP 08 在「另存新檔」視窗中鍵入「C04_01會議座位表」檔案名稱，然後點選「儲存」按鈕。

額外說明 「附加元件」可以由網路下載範本，進行套用至「Visio 2016」。

指定圖層

接下來可利用「指定圖層」為會議座位佈置圖分區顯示，請依下列步驟進行「圖層設計」。

STEP 01 選取第一列所有的「橙黃色」矩形圖件→點選「常用」索引標籤→點選「編輯」群組名稱中的「圖層」項目→點選「指定給圖層」圖示項目。

STEP 02 系統顯示「新圖層」對話視窗，請鍵入「第一排」圖層名稱→點選「確定」按鈕。

STEP 03 在「圖層」對話視窗中，點選「新增」按鈕→在「新圖層」對話視窗鍵入「第二排」圖層名稱→點選「確定」按鈕。

STEP 04　在「圖層」對話視窗中，點選「新增」按鈕→在「新圖層」對話視窗鍵入「第三排」圖層名稱→點選「確定」按鈕。接著，在「圖層」對話視窗中，點選「確定」按鈕。

STEP 05　選取第二列所有的「紫色」矩形圖件→點選「常用」索引標籤→點選「編輯」群組名稱中的「圖層」項目→點選「指定給圖層」圖示項目。在「圖層」對話視窗中，點選「第二排」按鈕→點選「確定」按鈕。

STEP 06　選取第三列所有的「咖啡色」矩形圖件→點選「常用」索引標籤→點選「編輯」群組名稱中的「圖層」項目→點選「指定給圖層」圖示項目。在「圖層」對話視窗中，點選「第三排」按鈕→點選「確定」按鈕。即可完成所有圖件的圖層指定。

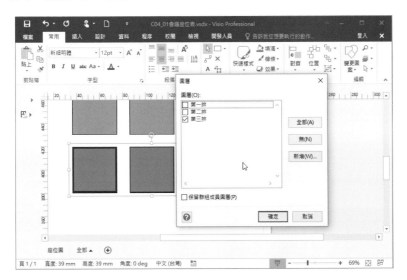

 額外說明　「圖層設計」一般是用於減化複雜的圖案設計顯示。

列印圖層

指定圖層後，可以依需求進行「分區列印」座位表，請依下列步驟進行「列印圖層」。

STEP 01 點選「常用」索引標籤→點選「編輯」群組名稱中的「圖層」項目→點選「圖層屬性」圖示項目。

STEP 02 在「圖層屬性」對話視窗,取消勾選「第二排、第三排」項目,然後點選「確定」按鈕。

STEP 03 點選「檔案」索引標籤→點選「列印」清單項目,即可以由右側預覽訊息得知列印的結果→點選「列印」圖示按鈕。

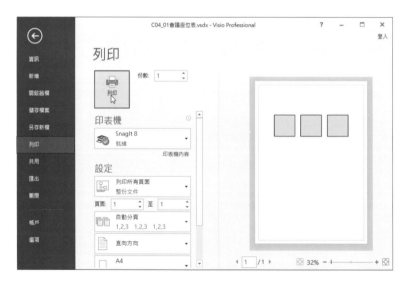

匯入資料

完成「會議座位圖」的建置,接下來進行「座位」安排。您必須要有一份由 Excel 2016 的工作表建置好的人員名單,再至 Vioso 2016 進行「人員名單」的導入。右表為 Excel 2016 的工作表建置好的人員名單內容。

請依下列步驟執行「人員資料」的匯入執行。

STEP 01 點選「資料」索引標籤→點選「外部資料」群組名稱中的「快速匯入」項目。

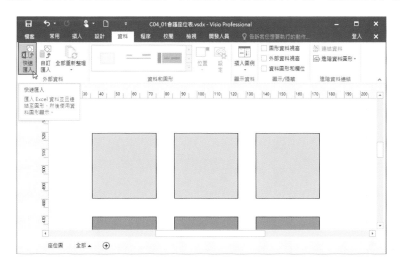

STEP 02 在「資料選取器」對話視窗中，點選「瀏覽」按鈕→在「Samle」資料夾中，點選「04_01座位.xlsx」檔案名稱→點選「完成」按鈕。

STEP 03 系統會自動導入 Excel 資料→點選「快速匯入 Excel 資料到 Visio」對話視窗中的「完成」按鈕。

STEP 04 請用滑鼠左鍵拖曳右側「外部資料表」中的人員資料，移至繪圖頁面中的「座位圖件」上，即可完成「會議座位」安排。其他的人員座位請自行安排。

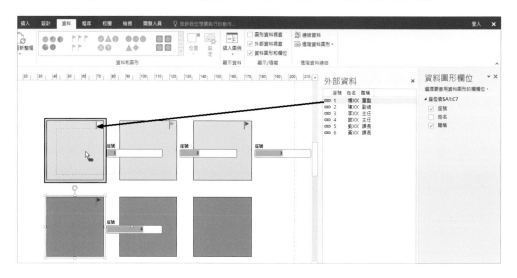

請開始設定「座位圖」文字顯示的位置與格式。

STEP 01 請按鍵盤上的組合鍵 Ctrl + A 鍵，選取所有的「座位圖件」→點選「資料」索引標籤→點選「資料和圖形」群組名稱中的「位置」。

STEP 02 點選「水平」清單項目→點選「置中」項目。

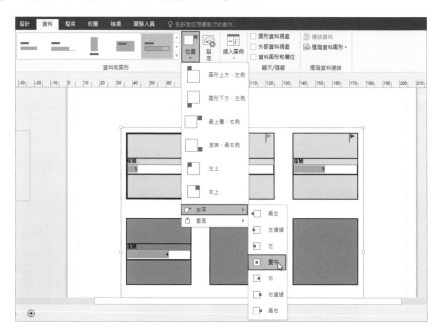

STEP 03 點選「資料」索引標籤→點選「資料和圖形」群組名稱中的「設定」。

STEP 04 設定「編輯項目」對話視窗中的「值字型大小」與「標籤字型大小」皆為「14」，然後點選「確定」按鈕。

STEP 05 您就可以輕易完成結合資料設計的會議座位佈置圖，完成結果如下圖。

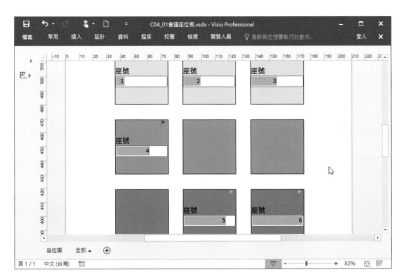

「資料整合圖形」可以強化圖形的資料動態呈現方式。您可以將繪製的圖形透過「資料庫」的設計，隨時異動「資料圖形」所包含的資料。

單元學習重點

使用時機

電子科系的學生一定要繪製的電路圖就是「濾波器」，視覺大師 Visio 2016 提供許多的內建電子圖形，您可以使用視覺大師 Visio 2016 提供的「基本電路」範本，快速建置「濾波器」電路圖。

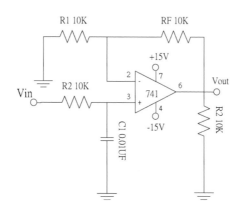

設計技巧

繪製「濾波器電路圖」可以分幾個方向進行製作，例如：「自訂樣板」、「資料圖形」、「功能變數」以及「佈圖建置」等著手。您可以依下列流程進行「濾波器」的電路圖繪製。

自訂樣板

請依下列步驟進行「自訂樣板」的製作。

STEP 01 點選「檔案」索引標籤→點選「開啟舊檔」清單項目。

STEP 02 點選「C04_02濾波器電路圖」範例檔案名稱→點選「開啟」按鈕。

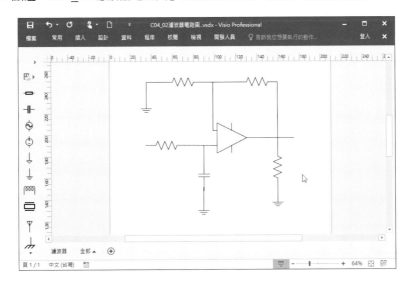

STEP 03 點選左側的「樣板」圖形區域項目→點選「其他圖形」樣板項目→點選「開新樣板 (公制)」樣板項目。在左側的「樣板」圖形區域下方多了一個「樣板2」圖示項目，即完成新樣板的建立。

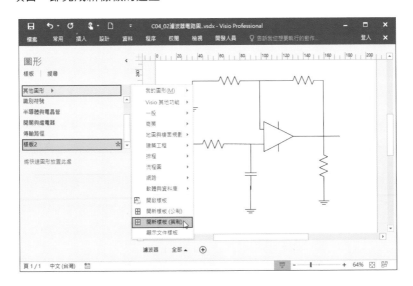

STEP 04 請按鍵盤上的組合鍵Ctrl＋A鍵，全選電路圖件。

STEP 05 請用滑鼠左鍵拖曳「電路圖件」，至左側的「樣板」圖形區域的「樣板2」。

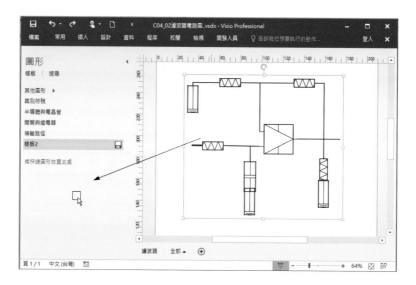

STEP 06 「樣板」圖形區域的「樣板 2」中，多了一個「Master」圖形元件，請重新命名為「濾波器」樣板名稱。請自行關閉檔案，無須儲存檔案。

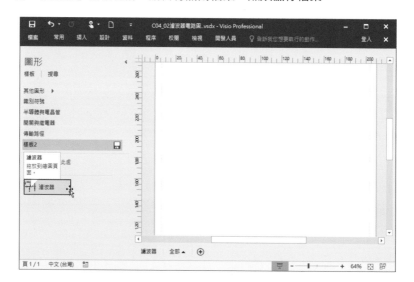

STEP 07 在「樣板」圖形區域的「儲存」圖示，請自行鍵入「C04_02 濾波器電路」檔案名稱，然後點選「儲存」按鈕。

STEP 08 點選「檔案」索引標籤→點選「關閉」清單項目→點選「不要儲存」按鈕。

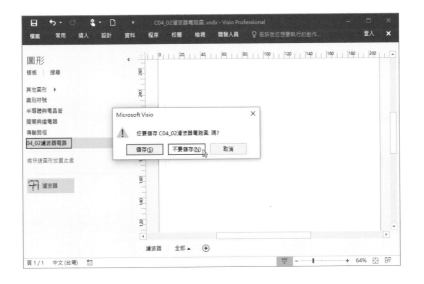

💡 額外
說明 「樣版」主要是將 Visio 範本以特定用途歸類,並提供您可立即使用的圖形,您可以在繪製任何頁面時,加入不同的「圖形樣版」。

匯入樣板

完成樣板是為了提升繪圖的效率,請依下列步驟進行「匯入樣板」。

STEP 01 點選「檔案」索引標籤→點選「新增」清單項目→點選「空白繪圖」項目→點選「建立」圖示按鈕。

STEP 02 點選左側的「樣板」圖形區域項目→點選「其他圖形」樣板項目→點選「開啟樣板」樣板項目→點選「04_02 濾波器電路 .vssx」樣板範例檔案名稱→點選「開啟」按鈕。

用滑鼠點二下「頁 -1」頁籤名稱，鍵入新名稱為「濾波器」頁籤名稱。

STEP 04 請用滑鼠左鍵拖曳左側的「樣板」圖形區域的「濾波器」圖示，至右側的「繪圖頁面」區域。

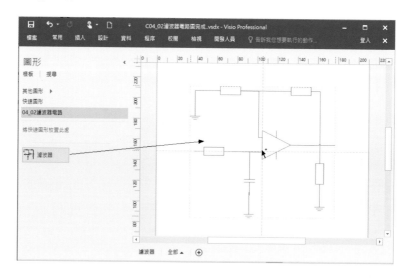

STEP 05 點選「檔案」索引標籤→點選「儲存檔案」清單項目。

STEP 06 在「另存新檔」視窗中，鍵入「C04_02 濾波器電路圖完成 .vsdx」檔案名稱，然後點選「儲存」按鈕。

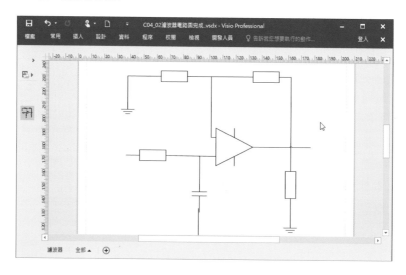

💡 **額外說明** 「樣版」和「繪圖」的名稱可以相同，主要是副檔名不同。「繪圖」儲存時，不會有自訂的樣板顯示。

功能變數（ Ctrl + F9 ）

　　請使用「功能變數」對「濾波器」上的圖件進行標示。請依下列步驟進行「功能變數」的使用。

STEP 01 點選「濾波器」繪圖區域的電路圖，按鍵盤上的組合鍵 Ctrl + Shift + U 鍵，啟用取消群組。系統會顯示訊息，點選「確定」按鈕。

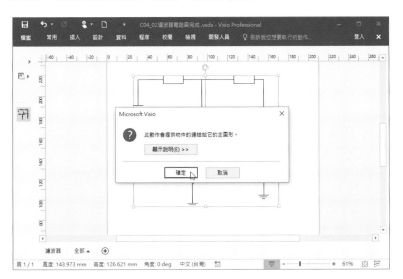

STEP 02 請依序使用滑鼠右鍵來點選所有的「方框」圖件→點選「顯示交替符號」清單項目。

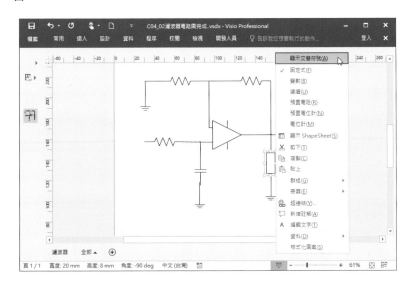

STEP 03 點選「電阻」圖件→點選「資料」索引標籤→勾選「顯示／隱藏」群組名稱中的「圖形資料視窗」圖示選項。

STEP 04 鍵入「R1 10K」標籤內容。請自行依序完成其他圖件的「標籤」輸入，如：R2 10K、R3 10K、R4 10K。

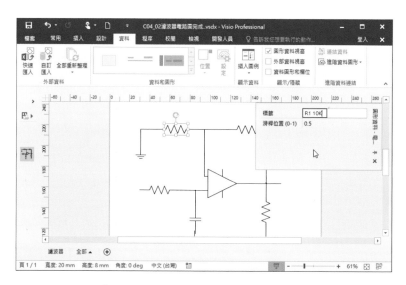

STEP 05 點選「電阻」圖件→點選「插入」索引標籤→點選「文字」群組名稱中的「功能變數」圖示項目。

STEP 06 在「欄位」視窗點選「圖形資料」類別項目→點選「標籤」欄位名稱項目→點選「確定」按鈕。

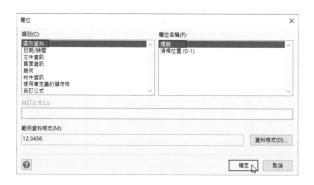

STEP 07 請自行依序完成「電阻」圖件的功能變數設定「標籤」表示式。「圖件文字」的尺寸自行設定，例如：24pt，以及其他電子元件項目的文字尺寸及位置呈現設定。完成設定畫面，如下圖所示。

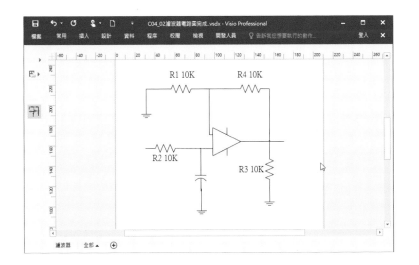

💡 **額外說明** 「功能變數」是一種視覺增強的表現,您可以將繪製的圖形加入「功能變數」的內容,並設定可以顯示「功能變數」所包含的內容。功能變數的內容格式可以是數字、旗標、公式。

資料圖形

對於沒有「資料圖形」的電路圖件,若使用「功能變數」進行標示,是無法做到的,因此 Visio2016 很貼心的讓使用者可以自定義「資料圖形」。請依下列步驟進行「資料圖形」的定義與使用。

STEP 01 用滑鼠右鍵點選「電容」圖件→點選「資料」清單項目→點選「定義圖形資料」項目。

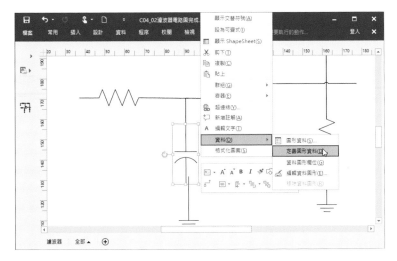

STEP 02 在「定義資料圖形」視窗中，鍵入「標籤」標籤 (L) 的內容與「C 1000U」值 (V) 的內容，然後點選「確定」按鈕。

STEP 03 點選「電容」圖件→點選「插入」索引標籤→點選「文字」群組名稱中的「功能變數」圖示項目。

STEP 04 在「欄位」視窗中，點選「圖形資料」類別項目→點選「標籤」欄位名稱項目→點選「確定」按鈕。「圖件文字」的尺寸自行設定，例如：24pt，以及其他電子元件項目的文字尺寸及位置呈現設定。完成設定畫面，如下圖所示。

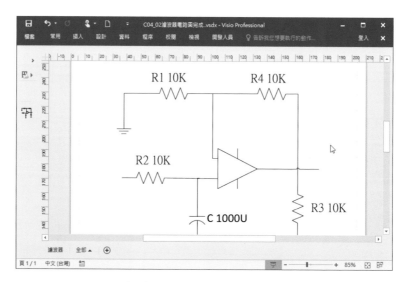

💡 **額外說明** 「資料圖形」可以強化圖形的呈現方式，您可以將繪製的圖形透過「資料圖形」的設計，顯示「資料圖形」所包含的資料。

4.3 流程圖製作

單元學習重點

使用時機

　　「流程圖」是一種能夠醒目標示流程結構，並展現其工作流程的相關訊息，面對龐大流程或多頁或模組流程所需呈現的訊息，Visio 2016 視覺大師提供許多的便利「流程圖」的功能，如：運用樣板、自動連接、超連結、文字格式、Visio 其他功能、頁面、交互功能流程等等功能，您可以加以運用來完成複雜度高的工作流程設計。

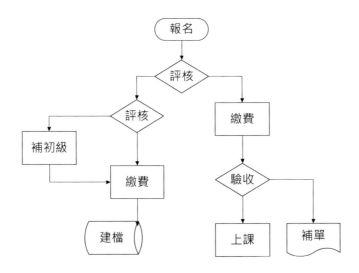

設計技巧

　　繪製「流程圖」可以分幾個方向進行著手，如：「運用樣板」、「自動連接」、「連結設計」等項目，您可以依下列方法進行「申請作業流程圖」的繪製。

運用樣板

請依下列步驟進行「運用樣板」來繪製「流程圖」。

STEP 01 點選「檔案」索引標籤→點選「新增」清單項目。

STEP 02 點選「基本流程圖」範本項目→點選「決策分支流程圖」圖示項目→點選「建立」
按鈕。

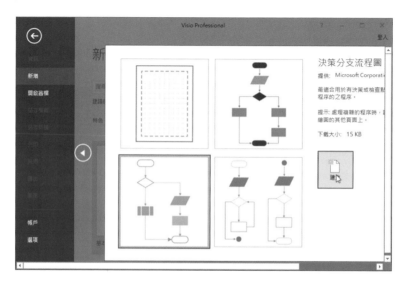

STEP 03 Visio2016 會自動完成「決策分支流程」的設計,您只需稍做修改,如:文字內
容,或是增加、刪除圖件。

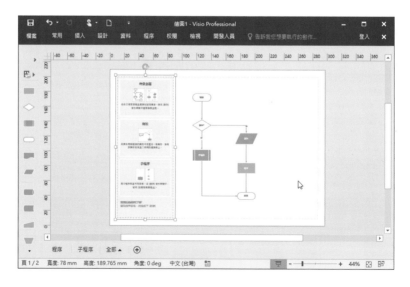

STEP 04 點選「開始」圖件，重新鍵入「報名」→點選「條件？」圖件項目，重新鍵入「審查資料」→點選「資料」圖件項目，重新鍵入「繳資料」等文字內容。

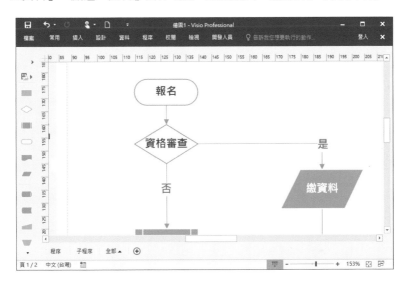

STEP 05 其他的圖件文字內容自行修正，如「子程序」圖件項目重新鍵入「報名審查」，「程序」圖件項目重新鍵入「資料歸檔」。

STEP 06 點選「子程序」頁籤，重新鍵入「報名審查」頁籤名稱。

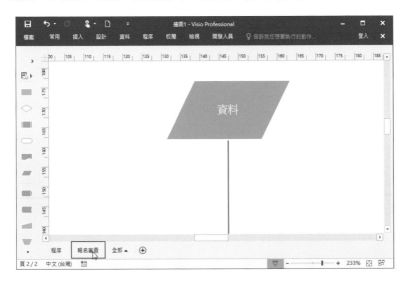

STEP 07 變更所有圖件文字,如「資料」圖件項目重新鍵入「報名資料」,「流程」圖件項目重新鍵入「二次送審」,「流程」圖件項目重新鍵入「程序」。

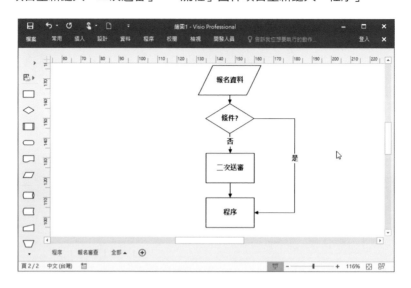

額外 「圖形樣板」主要是將 Visio 2016 的範本以特定用途歸類,並提供您可立即使用的圖形,
說明 您可以在編輯任何頁面時,加入不同的「圖形樣版」。

加強
宣導 頁籤名稱可以修正與刪除。

自動連接

這可是一個全新的功能,如您的流程少了一個「結束程序」圖件,您只需將「結束程序」圖件置入「流程圖」的「程序」圖件下方,系統便會自動連線,請依下列步驟進行「自動連接」的使用。

STEP 01 選取「報名審查」頁籤中的「程序」圖件。

STEP 02 移動滑鼠至「程序」圖件下方,按一下「向下箭號」的連結→點選「結束」圖件,即可完成「流程圖」的連接。

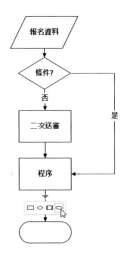

STEP 03 請自行鍵入「歸檔」文字內容於「結束」圖件中，並調整字型尺寸為「10pt」。

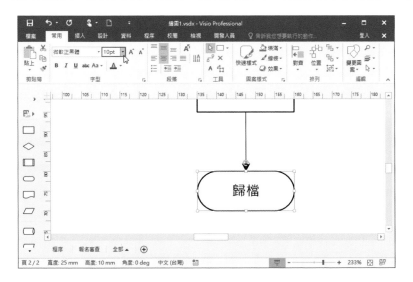

額外說明 「自動圖形連接」主要是讓您運用 Visio 2016 時快速新增連接圖形到圖表，可省略「圖形」視窗的選取。另外，此方法新增的選取圖形會自動的進行對齊與間距設定。

交互流程製作

如「歸檔」流程需要增加「頁面」，來進行「歸檔」作業流程的呈現。請依下列步驟完成「交互流程」的製作。

STEP 01 點選「插入」索引標籤→點選「頁面」群組名稱中的「新增頁面」圖示項目。

STEP 02 點選「空白頁」圖示項目，或使用鍵盤上的組合鍵 Shift + F11 鍵，並重新命名為「交互流程」頁籤名稱。

STEP 03 點選「交互功能流程圖」樣板名稱中的「泳道(垂直)」項目，用滑鼠左鍵拖曳「泳道(垂直)」圖示，至「交互流程」頁面的左側區域。

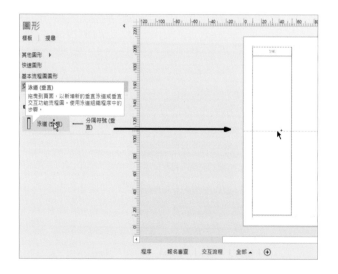

STEP 04 請自行調整「泳道(垂直)」圖件之大小，以符合頁面尺寸。請繼續用滑鼠左鍵拖曳「分隔符號(垂直)」圖件項目，至「交互流程」頁面的區域中4次，並分佈在泳道上。

STEP 05 請用滑鼠左鍵點二下「階段一」標籤名稱，然後鍵入「歸檔階段一」標籤名稱。

STEP 06 依序命名「歸檔階段一」、「歸檔階段二」、「歸檔階段三」、「歸檔階段四」等名稱。

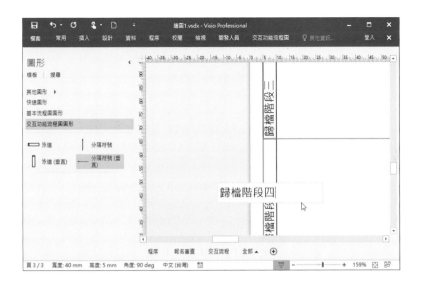

STEP 07 請用滑鼠左鍵點二下「標題」標籤名稱,然後鍵入「歸檔流程」標籤名稱。

STEP 08 請自行修正每個階段的圖件內容,如增加圖件提案、建檔、分類等項目,並自行調整圖件的字型大小,即可完成「交互流程」作法。

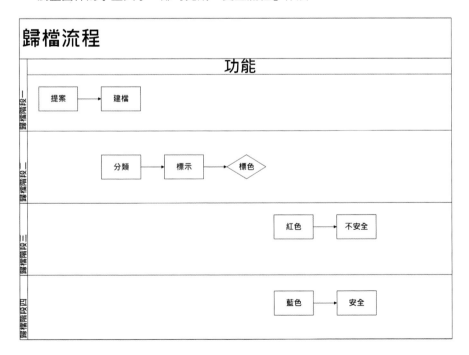

「交互流程」是一種時序性的流程圖，可將複雜的流程清楚描述流程結構。

連結設計

透過「連結設計」，將整合上述「交互流程」、「報名審查」等頁面。您可以運用「超連結」的技巧，進行「連結」的作業內容。

STEP 01 點選「報名審查」頁籤名稱→點選「歸檔」圖件。

STEP 02 點選「插入」索引標籤→點選「工具」群組名稱中的「超連結」圖示項目，或者使用鍵盤上的組合鍵 Ctrl + K 鍵，進行「超連結」製作。

STEP 03 在「超連結」視窗中，點選「子位址」標籤名稱右側的「瀏覽」按鈕。

STEP 04 點選「交互流程」頁面選項→點選「確定」按鈕。

STEP 05 在「超連結」視窗中，點選「確定」按鈕，即完成真正的「交互流程」頁面。

STEP 06 依上述步驟進行設計，即可完成「交互流程作業」的設計。您可以配合 Ctrl 鍵並點選「歸檔」圖件項目，即可以快速切換至頁面：「交互流程」。可參考範例檔案「C04_03 流程圖 .vsdx」。

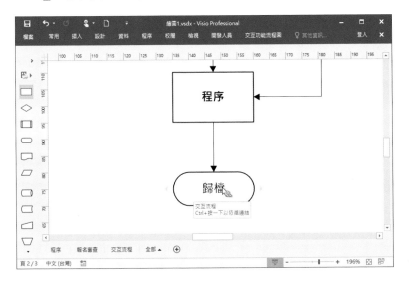

運用「超連結」，可以省略增加「換頁參考」的作法。

4.4　企業組織設計與製作

單元學習重點

精靈組織　同步複本　匯出資料　匯出CAD

使用時機

　　Visio 2016 提供全新的運用「外部資料」之資訊建置「企業組織圖」。本單元要介紹如何運用視覺大師 Visio 2016 整合「外部資料」、「CAD 圖檔」，來設計企業組織圖，包括「分頁」、「組織圖精靈」、「組織圖匯入」、「組織圖匯出」等項目的應用。

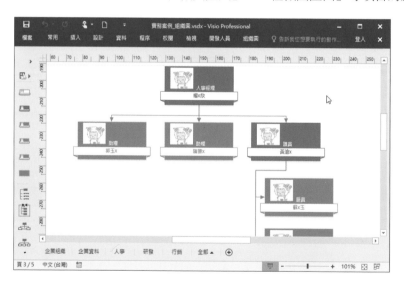

設計技巧

　　運用視覺大師 Visio 2016 整合「精靈整合」、「組織框架」、「同步複本」、「匯出資料」、「外部資料」以及「圖片資料」等項目，將是本單元要與您分享的。請依下列步驟進行「企業組織圖」的製作。

精靈整合

　　視覺大師 Visio 2016 提供快速繪製組織圖的「組織精靈」，您可以輕鬆依提示完成簡易組織圖。請依下列步驟進行「精靈整合」繪製企業組織圖。

STEP 01 關閉所有的編輯中的檔案。

STEP 02 點選「檢視」索引標籤→點選「巨集」群組名稱中的「附加元件」圖示項目→點選「商業」清單項目→點選「組織圖精靈」項目。

STEP 03 在「組織圖精靈」視窗中，點選「已經存在檔案或資料庫的資訊」選項→點選「下一步」按鈕。

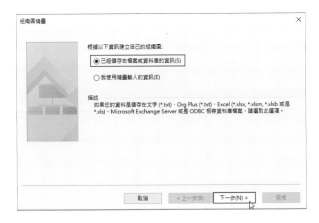

STEP 04 在「組織圖精靈」視窗中，點選「文字、Org Plus(*.txt) 或 Excel 檔案」選項→點選「下一步」按鈕。

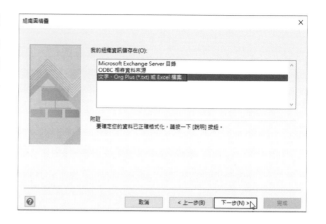

STEP 05 在「組織圖精靈」視窗中，點選「瀏覽」按鈕→點選「Samle」資料夾中的「範例資料.xlsx」企業組織檔案→點選「下一步」按鈕。

STEP 06 在「組織圖精靈」視窗中，使用預設值→點選「下一步」按鈕。

STEP 07 在「組織圖精靈」視窗
中，使用預設值→點選
「下一步」按鈕。

STEP 08 在「組織圖精靈」視窗
中，使用預設值→點選
「下一步」按鈕。

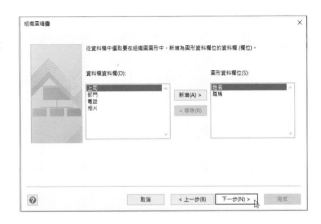

STEP 09 在「組織圖精靈」視窗
中，點選「找出包含組
織圖片的資料夾」的
「瀏覽」按鈕→點選
「Photo」資料夾→點
選比對圖片根據的「相
片」選項→點選「下一
步」按鈕。

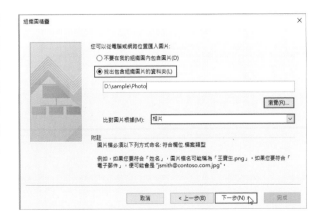

STEP 10 在「組織圖精靈」視窗中，使用預設值→點選「完成」按鈕。

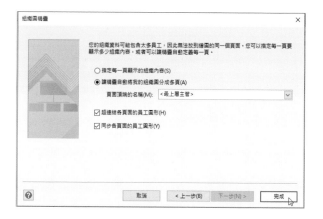

STEP 11 視覺大師 Visio 2016 會自動完成企業組織圖的製作，點選「頁-1」頁籤名稱，請自行重新命名為「企業組織」頁籤名稱。

STEP 12 點選「檔案」索引標籤→點選「儲存檔案」清單項目，鍵入「C04_04 實務案例_組織圖」檔案名稱→點選「儲存」按鈕。

「組織圖精靈」主要是讓您運用外部資料匯入至 Visio 2016 的整合設計，您也可以在組織圖中的圖形加入圖片，以呈現真實的結構內容。

同步複本

Visio 2016 對於大型組織圖提供「建立同步複本」的拆解技巧，可以減化複雜的組織結構圖，即把組織圖中各區段的小結構，放置在不同的頁面中。您可以善用「建立同步複本」的拆解技巧，協助整理企業組織結構的呈現。請依下列步驟進行「建立同步複本」的使用。

STEP 01 點選「企業組織」頁籤名稱→用滑鼠右鍵點選「人事經理」組織圖件。

STEP 02 點選「建立同步複本」清單項目。

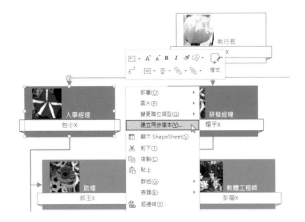

STEP 03 在「建立同步複本」視窗中點選「新頁面」選項，並勾選「隱藏原始頁面上的部屬」項目，然後點選「確定」按鈕。

STEP 04 視覺大師 Visio 2016 會自動產生「新頁面」，請重新命名為「人事部」。

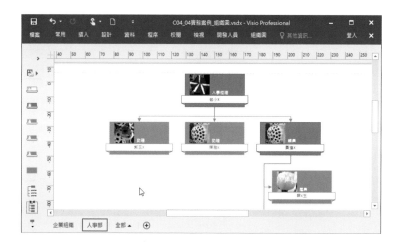

STEP 05 請回到「企業組織」頁面，並對其他部門進行「建立同步複本」與新的頁面重新命名，分別為「行銷部」、「研發部」。

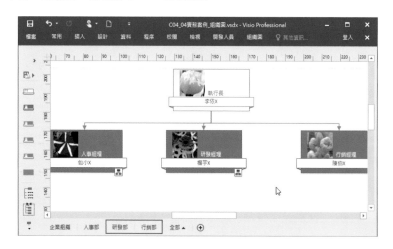

> 額外
> 說明　「同步複本」可以讓選取的圖形及部屬複製到新的頁面上，因此其所有圖形資料、格式、圖形類型及圖片也會一併複製，而且資料異動時也會同步處理。

匯出資料

　　企業組織資料可以匯出至外部其他系統，Visio 2016 提供了許多不同的匯出資料技巧。請依下列步驟進行「匯出資料」的使用。

STEP 01 點選「企業組織」頁籤名稱→點選「組織圖」索引標籤→點選「組織資料」群組名稱中的「匯出」圖示項目。

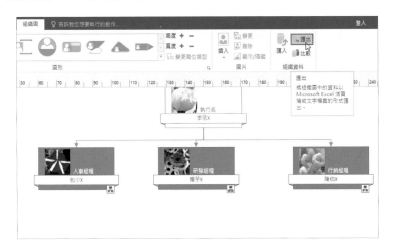

STEP 02 在「匯出組織資料」視窗中，鍵入「C04_04實務案例_組織圖」檔案名稱，設定 儲存位置→點選「儲存」按鈕。

STEP 03 視覺大師 Visio 2016 會顯示組織資料匯出成功的訊息對話框，點選「確定」按鈕。

匯出成 CAD 圖

除了上述匯出組織圖到試算表檔案格式外，Visio 2016 亦可以「另存新檔」方式，整合至不同的繪圖工具軟體格式。請依下列步驟進行「另存新檔」的使用。

STEP 01 點選「企業組織」頁籤名稱，點選「檔案」索引標籤→點選「另存新檔」清單項目。

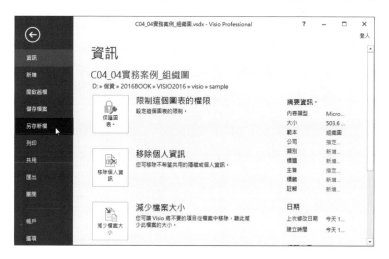

STEP 02 在「另存新檔」視窗中，鍵入「C04_04 實務案例_組織圖」檔案名稱→點選「AutoCAD 繪圖 (*.dwg)」存檔類型選項→點選「儲存」按鈕。

 「另存新檔」是一種快速轉換檔案輸出格式的技巧。

4.5 工作進度設計與製作

單元學習重點

樣板使用　任務連結　佈景主題　自訂背景　輸出圖形

使用時機

在工作崗位上，可以使用「甘特圖（Gantt chart）」以條狀圖呈現工作進度資訊，如顯示工作專案、進度以及相關工作資訊與時間相關的進度等資訊內容。Visio 2016 可應用範圍領域很廣，尤其是「甘特圖」中的「任務規劃」、「資源管理」、「工程控制」、「空間規劃」、「個人計畫」等。

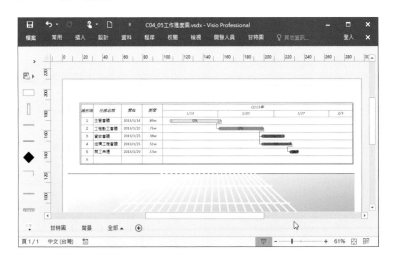

設計技巧

Visio 2016 全面改革繪圖技巧，除了保有過去快速繪圖的功能項目，也增加了許多全新的繪圖方法，如：「甘特圖」可使工作繪圖的呈現更有效率。本單元主要的設計技巧會採用 Visio 2016 新增或改善部分來做介紹，例如：「樣板使用」、「佈景主題」、「自訂背景」以及「輸出甘特圖」。

樣板使用

善用「樣板：進度甘特圖」可以提升繪圖效率，請您依下列步驟進行「甘特圖樣板」的使用。

STEP 01 點選「檔案」索引標籤→點選「新增」清單項目。

STEP 02 在搜尋框中，鍵入「甘特圖」文字內容→點選「搜尋」圖示→點選「甘特圖」圖示項目。

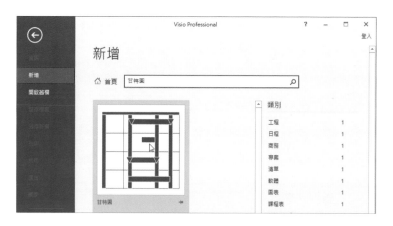

STEP 03 在「基本甘特圖」圖示選項，點選「建立」圖示按鈕。

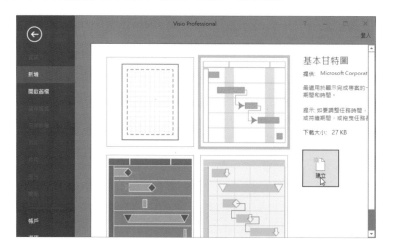

STEP 04 系統會立即為您建置基本的「甘特圖內容」。

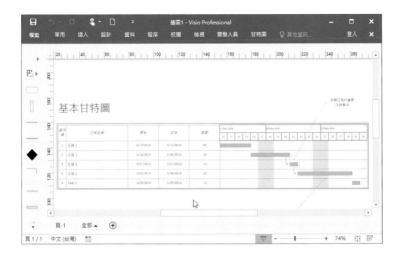

STEP 05 請自行輸入其他的項目內容，如標題：工地進度；任務名稱：工地巡視、開始日期：2018/5/14、完成日期：2018/5/17；任務名稱：工地人員集合、開始日期：2018/5/16、完成日期：2018/5/18；任務名稱：任務分配、開始日期：2018/5/21、完成日期：2018/5/21；任務名稱：執行安全檢視、開始日期：2018/5/22、完成日期：2018/5/28；任務名稱：返回辦公室、開始日期：2018/5/29、完成日期：2018/5/29等項目。

識別碼	任務名稱	開始	完成
1	工地巡視	2018/5/14	2018/5/17
2	工作人員集合	2018/5/16	2018/5/18
3	任務分配	2018/5/21	2018/5/21
4	執行安全檢視	2018/5/22	2018/5/28
5	返回辦公室	2018/5/29	2018/5/29

STEP 06 用滑鼠右鍵點選「頁-1」頁面標籤→點選「重新命名」清單項目→鍵入「工作進度」頁籤名稱。

STEP 07 用滑鼠右鍵點選「日期位置」→點選「捲動到開始日期」清單項目。

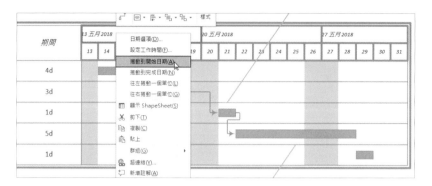

STEP 08 點選「檔案」索引標籤→點選「儲存檔案」清單項目。

STEP 09 在「另存新檔」視窗中,設定儲存檔案路徑,鍵入「C04_05工作進度圖」檔案名稱→點選「儲存」按鈕。

> 額外說明 「甘特圖」主要是讓您運用條狀圖形呈現工作進度,您也可以在甘特圖中的圖形加入圖形間真實的相關訊息。

任務連結

完成簡易的任務安排與定義後,接下來要為任務與任務之間的關係建立「任務連結」,而這個連結稱為「任務相依性」,任務之間的連結可分四種狀況,分別敘述如下:

1. 完成一開始 (FS)

後續任務在前置任務完成後才開始。

2. 開始一開始 (SS)

後續任務與前置任務同時開始。

3. 完成一完成 (FF)

後續任務與前置任務同時完成。

4. 開始一完成 (SF)

後續任務的完成日期要依據前期任務的開始日期而定。

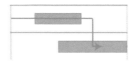

請依下列步驟進行「任務連結」，以完成「甘特圖」的任務相依性設定。

STEP 01 點選「工地巡視」甘特圖圖件→按住鍵盤上的 Shift 鍵，點選「工作人員集合」甘特圖圖件。

STEP 02 點選「甘特圖」索引標籤→點選「任務」群組名稱中的「連結」圖示項目。

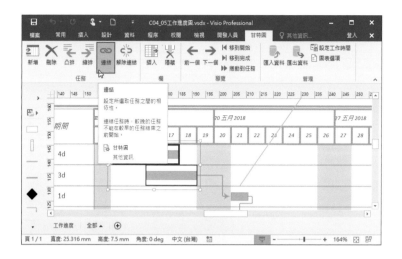

STEP 03 即可完成「工地巡視」、「工作人員集合」二任務之間的連結性。

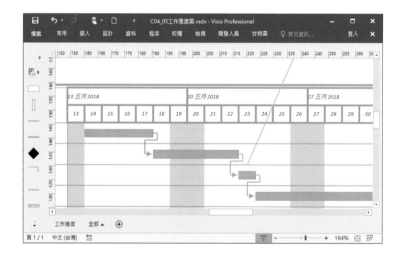

 也可以使用「取消連結」，重新進行任務之間的連結。

佈景主題

Visio2016 視覺大師除了保有過去的佈景主題外，也可以修改顏色、字型及效果，更可以新增至佈景主題成為範例樣板，Visio2016 視覺大師並針對各種佈景主題加入「變化」，可美化您的甘特圖顯示。請依下列步驟進行「佈景主題」的設計。

STEP 01 點選「工作進度」頁籤名稱。

STEP 02 點選「設計」索引標籤→點選「佈景主題」群組名稱中的「離子」專業佈景主題樣式選項。

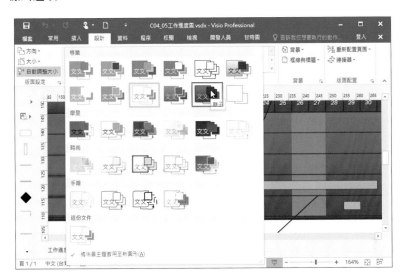

STEP 03 點選「設計」索引標籤→點選「變化」群組名稱中的「離子，變化3」圖示項目。接下來，即可儲存您設計的「佈景主題」樣式，以供日後使用。

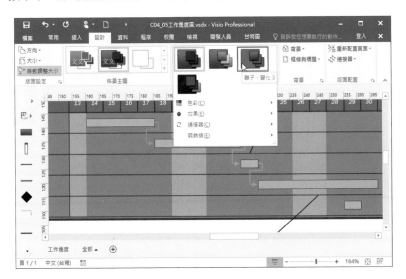

STEP 04 點選「設計」索引標籤→點選「佈景主題」群組名稱中的「將佈景主題用至新圖形」選項。

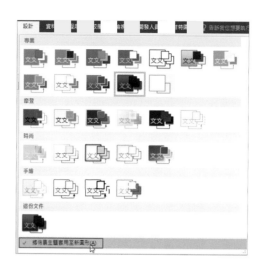

 「佈景主題」主要是讓您運用內建的色彩配置與佈圖整合設計,套用後可以任意修改的。

背景設計

　　Visio 2016 提供的「背景」設計,可以更加美化單調的「甘特圖」。請依下列步驟進行「背景」的使用。

STEP 01 點選「設計」索引標籤→點選「背景」群組名稱中的「框線與標題」圖示項目→
點選「超越」項目。

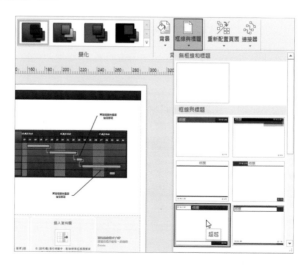

STEP 02 點選「Visio 背景 -1」頁籤名稱，重新鍵入「背景」文字內容，並修改「標題」處鍵入「工地進度」標題文字。

STEP 03 點選「工作進度」頁籤名稱，刪除多餘的內建導引圖示。

STEP 04 點選「設計」索引標籤→點選「背景」群組名稱中的「背景」圖示項目→點選「世界」項目。

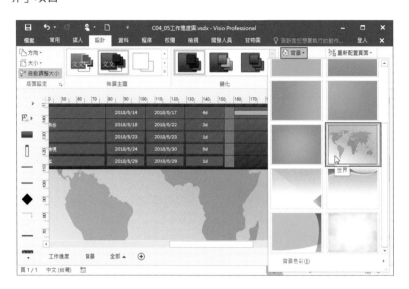

若您不喜歡「世界」背景圖，可以依下列方式修改為自己的背景圖。

STEP 01 點選「背景」頁籤名稱→點選「世界」圖件，按鍵盤上的 Delete 鍵。

STEP 02 點選「插入」索引標籤→點選「圖例」群組名稱中的「圖片」圖示項目。

STEP 03 在「插入圖片」視窗中，點選「背景 .gif」圖檔名稱→點選「開啟」按鈕。

STEP 04 點選「背景」圖件，自行調整寬度與高度，即可完成更換「背景」。

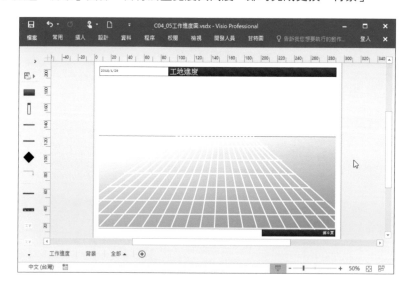

 「背景」主要是讓您運用內建的色彩配置與佈圖整合設計，套用後可以任意修改的。

輸出圖形

「工作進度」在輸出前，請用「檢視」確認有無需要修正處項目，如「天數檢視」、「月份檢視」、「全螢幕」、「頁寬」及「顯示比例」等等，待確認「工作進度」無誤，方可進行「工作進度」的「輸出甘特圖」作業。

請依下列步驟進行「月份檢視」的設定。

STEP 01 點選「工作進度」頁籤名稱→點選「甘特圖」索引標籤→點選「管理」群組名稱中的「設定工作時間」圖示項目。

STEP 02 在「設定工作時間」視窗中，點選「工作日」與「工作時間」，如：星期一到星期五，如無異動任何項目→點選「確定」按鈕。

STEP 03 點選「甘特圖」索引標籤→點選「管理」群組名稱中的「圖表選項」圖示項目。

STEP 04 在「甘特圖選項」視窗中，點選「日期」標籤，檢視有無需要修正的項目，如：時間單位、期間選項等等。

STEP 05 在「甘特圖選項」視窗中，點選「格式」標籤，例如：設定左標籤的內容為「資源名稱」、設定右標籤的內容為「開始」、設定內部標籤的內容為「完成百分比」，然後點選「確定」按鈕。

STEP 06 完成上述作法，您的「工作進度」甘特圖即可開始進行輸出，以下為完成結果。

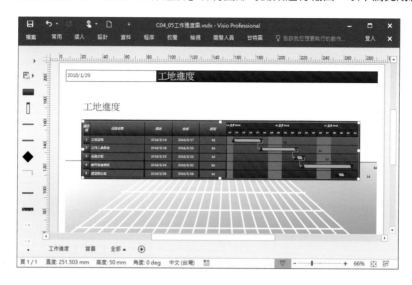

Visio 2016 提供多種選擇輸出方式，如：「簡報模式」、「列印」、「PDF 儲存」等模式，請依下列步驟進行「列印模式」的使用。

STEP 01 點選「工作進度」頁籤名稱→點選「檔案」索引標籤→點選「列印」左側項目→點選「編輯頁首及頁尾」項目。

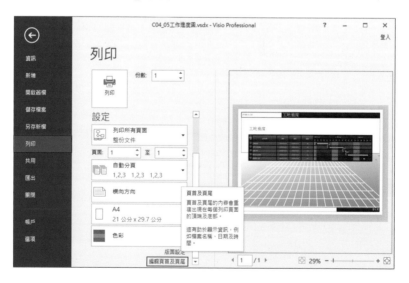

STEP 02 在「頁首及頁尾」視窗中,設定「頁尾」頁籤為「置中:&」頁碼、「頁首」頁籤為「靠左:博碩、置中:工地進度、靠右:&d(目前日期(簡短))」項目,然後點選「確定」按鈕。請自行再列印輸出。

接下來,請依下列步驟進行「檔案模式」的使用。

STEP 01 點選「檔案」索引標籤→點選「匯出」清單項目→點選「建立 PDF/ XPS 文件」項目→點選「建立 PDF/ XPS 文件」圖示按鈕。

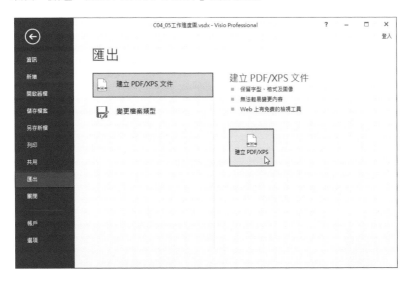

STEP 02 在「發佈成 PDF 或 XPS」視窗中,鍵入「C04_05 工作進度圖 .pdf」檔案名稱與儲存位置,然後點選「發佈」按鈕。

STEP 03 系統會自動啟動系統中的 PDF 程式，進行預覽輸出結果。

4.6　企業交通位置圖

單元學習重點

輔助線　作業設計　群組保護　繪圖總管

使用時機

企業位置標示的交通道路圖可以幫助企業告知大眾其所在位置。如果要標示圖件的「方位」時，有些特殊圖件是必須自行運用 Visio 2016 的「輔助線」、「作業設計」、「群組」、「保護」等繪圖技巧來完成。

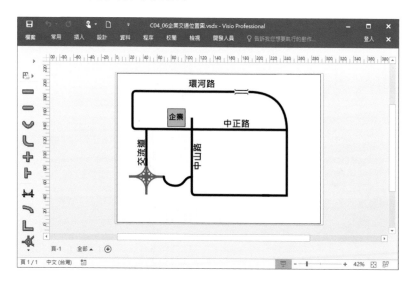

設計技巧

位置地圖繪製的技巧有很多種方式，您可以使用「輔助線」、「物件群組」、「作業設計」等方式，來完成企業組織所在的交通位置。

輔助線使用

如果要快速切割企業區塊位置，可以善用「輔助線」與「作業設計」等功能，請依下列步驟進行「輔助線」的使用，以繪製「企業交通」的路線圖。

STEP 01 點選「檔案」索引標籤→點選「新增」清單項目。

STEP 02 在搜尋框中鍵入「交通」文字內容→點選「搜尋」圖示→點選「方位圖」圖示項目。

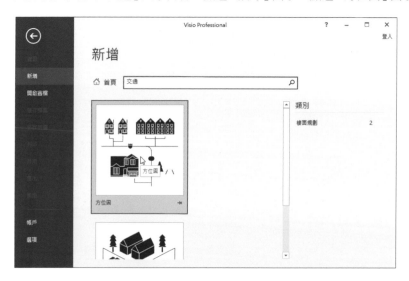

STEP 03 點選「建立」按鈕→點選「設計」索引標籤→點選「版面設定」群組名稱中的「方向」項目→點選「橫向」圖示項目。

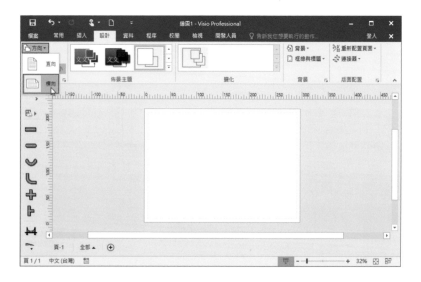

STEP 04 點選「檢視」索引標籤，勾選「顯示」群組名稱中的「輔助線」、「尺規」選項項目。

STEP 05 用滑鼠左鍵於左側「垂直尺規」直接拖曳至繪圖頁面區的「20」位置，螢幕會自動產生「垂直輔助線」，接下來請自行產生「垂直輔助線」於繪圖頁面區的「20、75、100、270」位置，以及「水平輔助線」於繪圖頁面區的「20、140、180、200」位置。

STEP 06 點選「常用」索引標籤→點選「工具」群組名稱中的「矩形」圖示項目，於繪圖頁面區域中繪製一個滿版的「矩形」圖件→按鍵盤上的組合鍵 Ctrl + A 鍵進行全選。

STEP 07 點選「開發人員」索引標籤→點選「圖形設計」群組名稱中的「作業」選項→點選「分割」圖示項目。

STEP 08 您可以看到這繪圖區域立即切割成 N 個矩形圖件。請將「企業」圖件位置先行上色處理→點選「矩形」圖件 3X3 的位置圖件→點選「常用」索引標籤→點選「圖案樣式」群組名稱中的「填滿」選項→點選「綠色」色彩項目，如下圖所示。

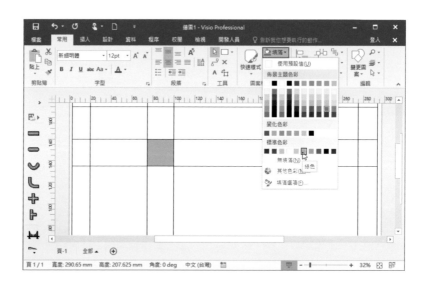

 「輔助線」也可以旋轉角度。

作業設計

活用「輔助線」來完成企業位置的區域色塊。接下來,運用「開發人員」的「圖形作業」繪圖技巧,繼續完成「企業交通位置圖」。請依下列步驟進行「作業設計」。

STEP 01 點選「常用」索引標籤→點選「工具」群組名稱中的「指標工具」項目→按鍵盤上的組合鍵Ctrl + A鍵進行全選→按住鍵盤上的Ctrl鍵,並點選「綠色」矩形圖件,取消「綠色」矩形圖件的選取。

STEP 02 點選「開發人員」索引標籤→點選「圖形設計」群組名稱中的「作業」項目→點選「聯集」項目。

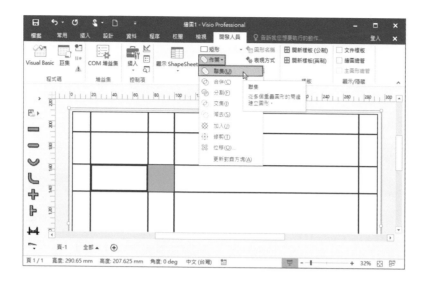

STEP 03 點選「常用」索引標籤→點選「圖案樣式」群組名稱中的「填滿」選項→點選「灰色」色彩項目→點選「圖案樣式」群組名稱中的「線條」選項→點選「無線條」項目。

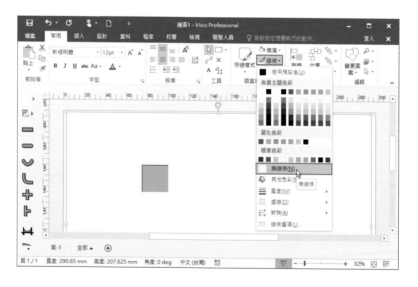

 「作業設計」可以任意選取範圍執行各種作業，一般用於設計自訂圖形。

群組保護

　　視覺大師 Visio 20016 提供許多的地圖圖件，您可以自由使用地圖圖件，再進行「群組」設定，可加快繪製的速度，不過群組「保護」設定不可少。請依下列步驟進行「物件群組」的使用。

STEP 01 點選「道路圖形」樣板名稱」→點選「道路方形」圖件，拖曳「道路方形」圖件至繪圖頁面區域的企業位置上方。

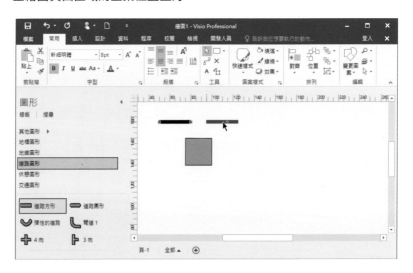

STEP 02 依企業位置四周的路線，佈置各種道路與調整路線內容，如：尺寸。

STEP 03 點選所有的「道路」圖件，可搭配鍵盤上的 Shift 鍵來點選「道路」圖件→點選「常用」索引標籤→點選「排列」群組名稱中的「群組」項目→點選「組成群組」項目。

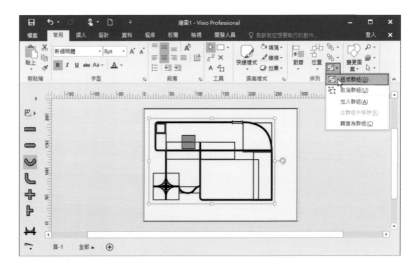

STEP 04 　點選「道路」群組→點選「開發人員」索引標籤→點選「圖形設計」群組名稱中的「保護」圖示項目。

STEP 05 　在「保護」視窗中勾選「寬度(W)、高度(G)、X位置(X)、Y位置(Y)」等保護項目，然後點選「確定」按鈕。

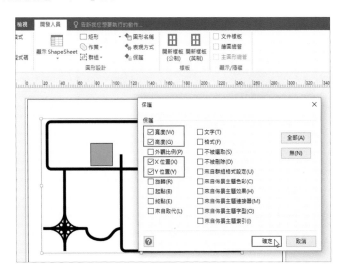

STEP 06 　點選「灰色」背景圖件→點選「開發人員」索引標籤→點選「圖形設計」群組名稱中的「保護」圖示項目。在「保護」視窗中勾選「寬度(W)、高度(G)、X位置(X)、Y位置(Y)」等保護項目，然後點選「確定」按鈕。

STEP 07 　點選「綠色」企業圖件→點選「開發人員」索引標籤→點選「圖形設計」群組名稱中的「保護」圖示項目。在「保護」視窗中勾選「寬度(W)、高度(G)、X位置(X)、Y位置(Y)」等保護項目，然後點選「確定」按鈕。

STEP 08 　點選「插入」索引標籤→點選「文字」群組名稱中的「文字方塊」圖示項目，於繪圖區域中適當位置，鍵入「企業、中正路、環河路、中山路、交流道」等道路標示。

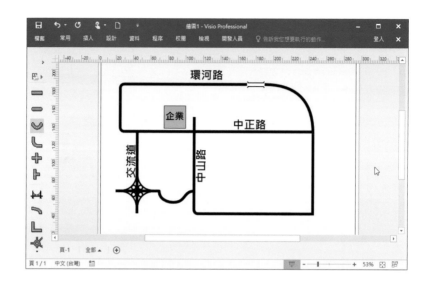

繪圖總管

Visio 2016 視覺大師提供快速「檢視」技巧，您可以運用「繪圖總管」技巧，快速進行圖形的選取與使用。請您依下列步驟進行「繪圖總管」的使用。

STEP 01 點選「開發人員」索引標籤→勾選「顯示/隱藏」群組名稱中的「繪圖總管」項目。

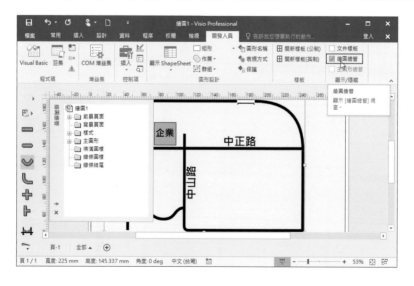

STEP 02 點選「繪圖總管」左側視窗選項，展開「前景頁面」結構選項，展開「圖形」結構項目→點選「交流道」圖件項目。

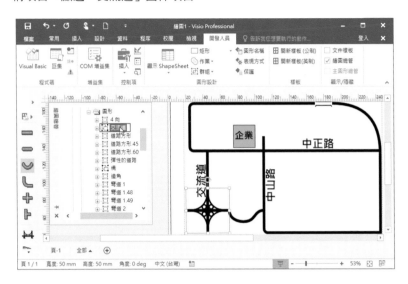

STEP 03 點選「常用」索引標籤→點選「圖案樣式」群組名稱中的「線條色彩」項目→點選「紅色」色彩圖示。

STEP 04 點選「檔案」索引標籤→點選「儲存檔案」清單項目。

STEP 05 在「另存新檔」視窗中，設定儲存檔案路徑，鍵入「C04_06 企業交通位置圖」檔案名稱→點選「儲存」按鈕。

「繪圖總管」此檢視方式也可以快速進行圖件的變更與修改。

4.7 共用在雲端

單元學習重點

使用時機

您可以將繪製的圖表上傳至雲端，例如：SharePoint 或 OneDrive，同時可以讓多位朋友或同事同時進行繪製該圖表，例如：修正。故同時在雲端進行編輯及繪圖的所有人，會看到繪圖的編輯過程，而儲存繪圖檔會儲存到共用的伺服器中。

設計技巧

共用雲端的設計大致分四個方向進行介紹，例如：「申請帳號」、「SharePoint 工作流程」、「上傳雲端」等議題。請依下列方法進行「共用雲端」的設計。

申請帳號

Visio 2016 提供全新的「雲端服務」，但您必須要申請「帳號」，以便日後與同仁共享雲端繪圖的樂趣，請您依下列步驟進行「帳號申請」。

STEP 01 啟用「Internet Exlorer」瀏覽器，並於「Internet Exlorer」瀏覽器的「網址」處，輸入 URL htt://tw.msn.com/。

STEP 02 進入「 URL htt://tw.msn.com/」網站後，按右上方「登入」文字連結。

STEP 03 如果您有 Microsoft 帳戶可立即用來登入，例如：MSN、Hotmail，Livemail 等帳號。如果沒有 Microsoft 帳號，請您按「建立新帳戶」文字連結鈕。

STEP 04 請自行鍵入個人相關資訊，在此就不再多做說明。

STEP 05 如您擁有 Microsoft 雲端服務的帳號。請回到「首頁」MSN 網站，鍵入您申請過的「帳號」、「密碼」，點選「登入」按鈕。

STEP 06 進入網頁後,如視窗的右上方檢視「登出」按鈕,即表示您申請成功。

可以申請 livemail.tw 的帳號。

SharePoint 工作流程

　　Visio 2016 提供全新的「SharePoint 工作流程」範本。「SharePoint 工作流程」提供您許多 SharePoint 工作流程之動作及條件的圖形,讓您可以輕鬆的在 Visio 2016 中設計 SharePoint 工作流程。接下來,請依下列步驟進行「SharePoint 工作流程」的繪製。

STEP 01 點選「檔案」索引標籤→點選「新增」清單項目。

STEP 02 在搜尋框中,鍵入「SharePoint」文字內容→點選「搜尋」圖示→點選「Microsoft SharePoint2013 工作流程」圖示項目。

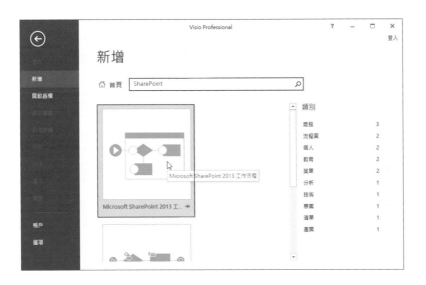

STEP 03 點選「簡單工作流程」圖示項目→點選「建立」按鈕。

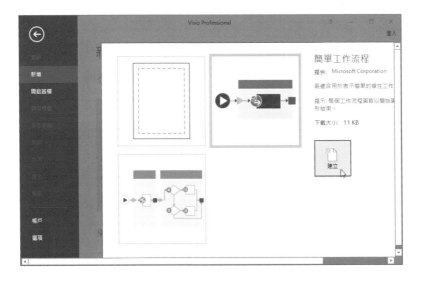

> **額外說明** SharePoint 的簡單工作流程的所有圖件皆以「開始」圖形作為開始,並以「終止」圖形作為結束,主要是以此方式繪圖可避免驗證錯誤。

STEP 04 點選「說明」下方多餘的圖件→按鍵盤上的 Delete 鍵→按鍵盤上的組合鍵 Ctrl + A 鍵,以全選 SharePoint 圖件,搬移至左側圖區域。

點選「階段」SharePoint 工作流程圖件，拖曳至繪圖頁面區右側→點選「簡單階段」SharePoint 工作流程圖件，拖曳至繪圖頁面區「階段」SharePoint 工作流程圖件內。

接下來，請自行將「階段」重新命名為「階段 1、階段 2」及「簡單階段」重新命名為「執行 1、執行 2」，並為「頁 -1」頁籤名稱重新命名為「工作流程」。

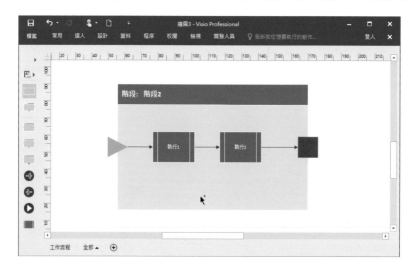

　　完成「Shareoint 工作流程」的繪製，接下來要進行「驗證工作流程」，您必須將「Shareoint 工作流程」匯出至「SharePoint Designer」，Visio 2016 會自動進行驗證。若「Shareoint 工作流程」有錯誤發生，Visio 2016 會顯示「問題」視窗，並列出要修正的問題訊息。

STEP 01 點選「程序」索引標籤→點選「圖表驗證」群組名稱中的「檢查圖表」項目。

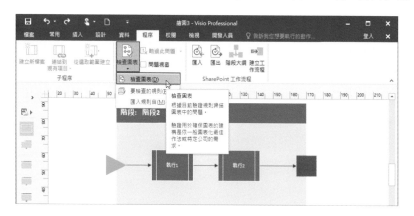

STEP 02 如有問題,請修正下方「問題」視窗中的所有問題。本系統未接「Shareoint 工作流程」的伺服器,出現「問題」資訊請勿過擔心,您的企業若有「Shareoint 工作流程」的伺服器,則不會出現「問題」資訊。

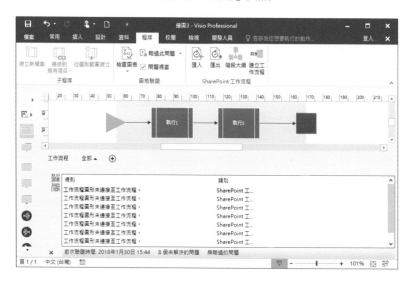

STEP 03 點選「檔案」索引標籤→點選「儲存檔案」清單項目。

STEP 04 在「另存新檔」視窗中,設定儲存檔案路徑,鍵入「C04_07 共用在雲端」檔案名稱,然後點選「儲存」按鈕。

> **額外說明** 可以在「問題」對話窗格中,點選該項錯誤訊息,Visio 2016 會顯示錯誤的所在位置,也會有醒目提示。

上傳雲端

接下來，您可以使用已申請的帳號，將繪製好的 SharePoint 工作流程圖形直接匯出，或是匯出 SharePoint 工作流程到 SharePoint。一般可用 SharePoint Designer 編輯 Visio 2016 匯出的 SharePoint 工作流程交換 (.vwi) 檔案。請依下列步驟進行「工作流程的匯出」。

STEP 01 點選「檔案」索引標籤→點選「共用」清單項目。

STEP 02 點選「儲存至雲端」項目。

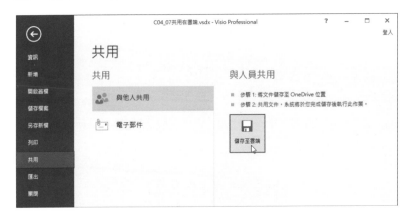

STEP 03 點選「OneDrive」圖示項目→點選「登入」按鈕。

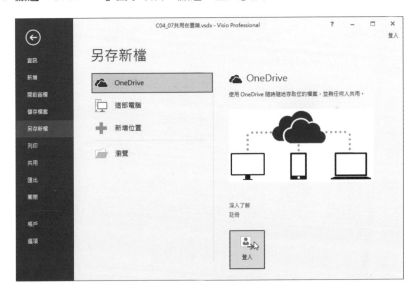

STEP 04 鍵入「alexmysir@livemail.tw」登入帳號→點選「下一步」按鈕。

STEP 05 鍵入「XXXX」登入密碼→點選「登入」按鈕。

STEP 06 在「另存新檔」視窗中，鍵入「C04_07 共用在雲端 .vsdx」檔案名稱，然後點選
「儲存」按鈕。

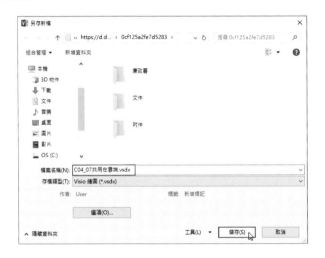

透過雲端硬碟，可以與同事共享。

共用雲端

完成上傳雲端後，系統會自動導入「共用」功能，您可以通知同事一同進行檔案編輯。請依下列步驟進行「共用雲端」的使用。

STEP 01 點選「檔案」索引標籤→點選「共用」清單項目。

STEP 02 點選「與他人共用」項目→鍵入「alexmysir@gmail.com」共用人員的電子郵件資料。

STEP 03 點選「共用」按鈕。

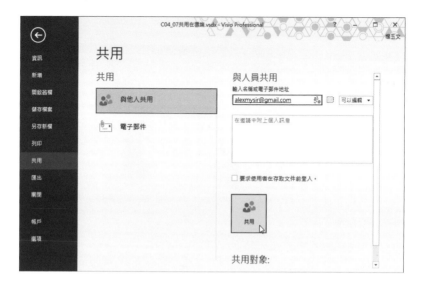

STEP 04 以下是共用者會收到的訊息畫面。

共用文件編輯是一項未來的趨勢。

|APPENDIX|

其他 Visio 功能說明

類型	說明	圖形
修飾線	「修飾線」圖形樣式可以讓使用者快速美化繪製圖形的紙張邊緣設計或是線條樣式。有多種不同的「修飾線」圖形選擇，例如：波浪花紋、波浪邊角等等不同的「修飾線」圖形。	波浪花紋　波浪邊角　辮子花紋　辮子花紋邊角　辮子端點組合花紋　埃及花紋　埃及花紋邊角　埃及端點組合花紋　希臘區段　希臘邊角　希臘框架　十字花紋　十字花紋邊角　十字端點組合花紋　波浪花紋 2　波浪邊角 2　波浪邊角 3　斑馬區段　星形區段　三角形區段　整列框架　正方形框架　相框　美工裝飾框架　珠寶框架　典型框架　方框架　美工裝飾圖形　美工裝飾並排　波浪並排　紡織並排　閃電並排　曲面並排　菱形並排　圓形並排　凱薩符裝飾　按鈕裝飾　弧線裝飾　方格花紋　單一線條框架　多重線條框架
圖示集	「圖示集」圖樣集合了多種常用小圖案，可自行依不同的設計需求，給予不同的圖示，並適時套用於繪圖文件上，例如：評等、燈號等「圖示集」圖示。	趨勢箭頭 1　趨勢箭頭 2　旗標　狀態圖示　彩色圖形　燈號　交通號誌 1　方向　評等　表情　交通號誌 2　交通號誌 3　實心圖形　箱
標題區塊	「標題區塊」提供許多文件的資訊圖樣，可依需求使用「標題區塊」圖樣，套用於繪圖文件上，例如：日期、檔案名稱、繪圖者等等實用的文件資訊。	區域 - 4　區域 - 8　框架　投影符號　5 格資料欄　15 格資料欄　SI 符號　修訂區塊　零件清單區塊　區段頁首　區塊 - 側邊標籤　區塊 - 頂端標籤　日期　描述　繪圖者　檔案名稱　檔案/路徑　頁數　修訂　縮放　標題　大型標題區塊　小型標題區塊　連續大型工作表　連續小型工作表　大型修訂區域　小型修訂區域　大型修訂　小型修訂
符號	「符號」常見於道路標示。Visio 2016 提供各式各樣的道路標示符號，可快速將「符號」放置於繪製的路線上，例如：電話、公車站、住宿、郵局等等實用的路線標示或天氣資訊。	區域　禁止標誌　禁止吸煙　警告標誌　機場　鐵路運動　男人　女人　殘障　咖啡　用餐　飲料　易碎物品　電話　腳踏車　公車站　住宿　郵局　公廁　加油站　樓梯　垃圾桶　資訊　輻射性　生物危害　正方形方塊　晴朗　局部多雲　雨　閃電　暴風雨　多雲　資源回收 1　資源回收 2
維度 - 工程	「維度 - 工程」是一種建築標示圖樣，可快速運用「維度 - 工程」提供的圖樣，放置於繪製的建築文件上，進行建築文件的圖形標示，例如：角度標示：中心角度、距離標示：水平、位置標示：水平縱座標等等建築會使用到的圖樣資訊。	水平基線　垂直基線　水平外側　水平　垂直外側　垂直　向外平均對齊　向外不均對齊　平均對齊　不平均對齊　弧形半徑　外徑 (半徑)　半徑　直徑　外徑 (直徑)　中心角度　不平均角度　平均角度　外側角度　水平縱座標　多重水平座標　垂直縱座標　多重垂直座標　房間測量　中央線　±Ø° 特殊字元

類型	說明	圖形
繪圖工具圖形	「繪圖工具圖形」是一種快速繪圖形的圖樣集合。使用者應善用「繪圖工具圖形」提供的圖樣，可以快速為文件需求繪製所需的圖形，例如：扇形–圖形、對角線矩形、測量工具等好用的圖樣。	測量工具　水平測量　垂直測量　圓形, 橢圓　圓形 - 直徑　圓形 - 半徑　圓形: 3 點　弧形: 3 點　圓形　扇形 - 圖形　弧形 - 圖形　多個圓形正切　扇形 - 數值　弧形 - 數值　弧形正切　擴充線條　圓形正切　相對正切　直角　垂直線　三角形: 自由　直角三角形: 角度, 斜邊　三角形: 底, 高　直角三角形: 2 腳　對角線矩形　圓角矩形　矩形　斜面矩形　斜角　多邊形邊緣　多邊形中央
自訂圖樣 - 不可縮放	「自訂圖樣 - 不可縮放」是一種由使用者自行決定圖樣內容，可將固定大小的圖形放置此圖樣中，以便日後方便使用。「自訂圖樣 - 不可縮放」目前僅有一個「圖樣說明」圖示，未來請使用者自行將圖形圖示歸類放置於此。	圖樣說明
自訂圖樣 - 可縮放	「自訂圖樣 - 可縮放」是一種由使用者自行決定圖樣內容，可將可調整大小的圖形放置此圖樣中，以便日後方便使用。「自訂圖樣 - 可縮放」目前僅有一個「圖樣說明」圖示，未來請使用者自行將圖形圖示歸類放置於此。	圖樣說明
自訂線條圖樣	「自訂線條圖樣」是一種由使用者自行決定圖樣內容，可將常用的「線條圖形」放置此圖樣中，以便日後方便使用。「自訂線條圖樣」目前僅有一個「圖樣說明」圖示，未來請使用者自行將圖形圖示歸類放置於此。	圖樣說明
註標	「註標」是一種用於各種圖形的註釋，用來描述繪圖文件需要額外說明文字的圖形，「註標」可與任何圖形產生關聯。當圖形移動位置時，「註標」也會隨圖形移動，使用者應善用「註標」提供的樣示，可以快速為文件不同的圖形進行分類「註標」，例如：文字置中註標、彎曲註標、自動維度等好用的「註標」圖樣。	側邊方塊註標　側邊線條註標　側邊文字註標　中型方塊註標　中型線條註標　中型文字註標　側邊肘形方塊　側邊線條肘形　側邊肘形註標　中肘形方塊　中線條肘形　中型肘形註標　註釋　文字置中註標　彎曲註標　括弧與文字　橢圓註標　方塊註標　行懸圓　部份方塊號文字　全形方塊號文字　側邊方括號　側邊括弧　側邊大括弧　檔案　黃色便條　標記　2D 球形文字說明　水平球形　垂直球形　有角度的圖章　圓角圖章　蛻壞炸形　蛻壞炸形　自動維度　自訂註標 1　自訂註標 2　自訂註標 3

類型	說明	圖形
註釋	「註釋」是一種用於各種圖形的註釋，用來描述繪圖文件需要額外標示說明文字的圖形，「註釋」可與任何圖形產生關聯。當圖形移動位置時，「註釋」也會隨圖形移動，使用者應善用「註釋」對文件需要的圖形加以額外文字說明。	註標-曲線　註標-彎曲　註標-直線　圓形註標　橢圓註標　方塊註標　文字12pt　文字8pt　文字6pt　5 格資料欄　15 格資料欄　資訊線條　分欄線　區段1　區段2　區段3　參考平面(位置)　參考平面1　參考平面2　基準點　層次　資材　天花板　指北箭頭1　指北箭頭2　指北箭頭3　指北箭頭4　指北箭頭5　修訂雲朵　繪圖比例　縮放符號　附註符號　參考三角形　參考矩形　參考六邊形　參考橢圓　參考圓形　參考註標1　參考註標2
連接器	使用 Visio 2016 繪製二個不同的圖形，若僅使用「線條」工具連接這二個圖形，當移動或變更圖形時，「線條」工具所繪製的圖形無法自動調整與連接圖形。而「連接器」則可以用於各種圖形的連接，當圖形移動位置，「連接器」也會隨圖形改變連接位置，使用者應善用「連接器」可加快圖形連接的編輯。	動態連接器　線條-弧線連接器　曲線連接1　曲線連接2　雙方形傾狀分支　多重方形傾狀分支　側邊對側邊1　側邊對側邊2　側邊　下至上1　下至上2　上或下　側邊對側邊固定1　側邊對側邊固定2　上/下至側邊　下至上固定1　下至上固定2　側邊至上/下　下至側邊1　下至側邊2　下至側邊3　側邊至上　正方形繞圈　通用連接器　配置連接器　線條與曲線通連器　線條連接器　波浪連接器1　波浪連接器2　雙料傾狀分支　多重料傾狀分支　曲線連接3　方向線1　方向線2　一對多　有角度的連接器　流程指導者1　流程指導者2　控制項傳送　跳躍點　靈活箭頭　1D 單向箭頭　1D 雙向箭頭　1D 開放箭頭　肘形1　肘形2　中空連接1　中空連接2　中空連接3　帶點的線條　中箭頭　弧線箭頭　點和箭頭　帶點的中箭頭　單箭頭　雙箭頭
區塊	文件中，若需要表述溝通指示，可運用「區塊」圖樣的多種溝通圖形工具。而「區塊」不僅僅是表述溝通，也可以用於區隔表述內容，例如：同心圓圖層1、部分圖層1等圖形樣式。	方塊　圓形　菱形　箭頭方塊　1D 單向箭頭　1D 雙向箭頭　2D 單向箭頭　2D 雙向箭頭　自動調整高度方塊　自動調整大小方塊　曲形箭頭　1D 單向箭頭，開放　2D 單向箭頭，開放　3D 方塊　開放/封閉軸　按鈕　同心圓圖層1　同心圓圖層2　同心圓圖層3　同心圓中心　部份圖層1　部份圖層2　部份圖層3　部份圖層4　雙方形傾狀分支　雙斜線傾狀分支　動態連接器　多重斜料傾狀分支　多重方形傾狀分支　線條與曲線連接器　帶點的線條　中箭頭　弧線箭頭　點和箭頭　帶點的中箭頭　單箭頭　雙箭頭
圖形與數學圖形	文件中，想要表述數學表示式，可運用「圖形與數學圖形」圖樣中的圖形，例如：+、-、X、= 等常用的數學符號。	文氏圖表圖形　圖形圖塊　圖形圓弧線　多行　加　減　乘號　除號　等號　不等於
基本圖形	「基本圖形」是 Visio 2016 繪圖最基本的圖形。透過「基本圖形」繪製文件需要的各種圖形，建議使用者應多多運用「基本圖形」，繪製簡易的圖形文件。	矩形　方形　橢圓　圓形　三角形　直角三角形　五邊形　六邊形　七邊形　八邊形　十邊形　圓柱　平行四邊形　梯形　菱形　十字形　>形箭號　立方體　四角星形　五角星形　六角星形　七角星形　十六角星形

類型	說明	圖形
		二十四角星形　三十二角星形　圓角矩形　單一剪去角落矩形　剪去同側角落矩形 剪去對角線角落矩形　單一圓角化角落矩形　圓角化同側角落矩形　圓角化對角線角落矩形　剪去並圓角化單一角落矩形 剪去角落矩形　圓角化角落矩形　剪去並圓角化角落矩形　框架　框架邊角 L形圖形　對角線條紋紋　盾額　同心圓　無符號 中央拖曳圖形　左括弧　右括弧　左大括弧　右大括弧
浮雕型區塊	文件中若需要表述溝通指示，可運用「浮雕型區塊」圖樣的多種立體的溝通圖形工具，而「浮雕型區塊」的圖樣是一種立體表述溝通，也可以用於區隔表述內容，例如：垂直軸、水平軸等圖形樣式。	方形區塊　圖形　水平軸　垂直軸　向左箭頭 向右箭頭　向上箭頭　向下箭頭　向左／向右箭頭　向上／向下箭頭 向上箭頭，開放　向下箭頭，開放　向左箭頭，開放　向右箭頭，開放　肘形1 肘形2　肘形3　肘形4　框架
裝飾圖形	「裝飾圖形」圖形樣式可以讓使用者快速美化繪製文件的內容，有多種不同的「裝飾圖形」圖形供選擇，例如：笑臉、哭臉等圖形。	摺角紙張　笑臉 一般.5　哭臉　心形　閃電　太陽 月亮　菊朵　綵帶(向上)　綵帶(向下)　綵帶(弧形向上) 綵帶(弧形向下)　書卷(垂直)　書卷(水平)　波浪　贊波浪線
透視型區塊	文件中若需要表述溝通指示，可運用「透視型區塊」圖樣的多種立體距離的溝通圖形工具，又「透視型區塊」的圖樣除了用於表述溝通，也可以用於區隔表述內容，例如：肘形1、肘形2、肘形3等圖形樣式。	區塊　圖形　左箭頭　右箭頭　箭頭，上 向下箭頭　左／右箭頭　上／下箭頭 洞　淺區塊　1D 上／下箭頭　1D 左／右箭頭　肘形1 肘形2　肘形3　肘形4　線框區塊1　線框區塊2 消失點
EPC 圖圖形	「EPC 圖圖形」是一種說明商業程序工作流程，中文是事件驅動程序鏈，為 SAP R/3 商業工程模型概念的重要元件。EPC 圖使用圖形符號可分下列三大項：❶功能：是一種基礎建構圖，為其每一個功能對應已執行的活動。❷事件：事件主要用於連結功能。❸連接器：為功能與事件的關聯。	事件　函數　程序路徑　組織單位 XOR　OR　AND　資訊／材料　主要程序 元件　企業區域　程序群組　動態連接器
ITIL 圖形	ITIL 主要為 IT 服務管理的標準化程序及方法，讓 IT 工作人員可以使用非技術面向思考商業目的，「ITIL 圖形」是 Visio 2016 繪圖全新的商業圖形。透過「ITIL 圖形」，可繪製商業文件需要的各種圖形。	事件　服務要求　人員　服務台 委員會　部門　要求變更　協議　設定管理資料庫 知識庫　廠商

類型	說明	圖形
TQM 圖圖形	「TQM 圖圖形」是以品質為中心、描述組織特徵的管理原則。Visio 2016 提供全新的「TQM 圖圖形」，提供使用者繪製商業專業的文件，例如：運輸、作業、決策等工具圖形。	運輸、內銷貨物、儲存體、程序、作業、作業/檢查、議題、組織功能、兩載式函數、決策 1 (TQM)、決策 2 (TQM)、多重輸入/輸出決策、外部組織、外部程序、檢查/度量、公制、兩載式公制、系統資料庫、系統支援、系統功能、延遲時間、連接器 (TQM)、換頁參考、連接的議題、製造、移動、儲存區、檢查、可選取程序、工作流程縮圖 1、工作流程縮圖 2、回饋箭頭、X-功能 - 垂直、X-功能 - 水平、強制欄位分析、原因 1、原因 2、原因 3、類別、效果、魚骨架、動態連接器、繼條連接器、繼條與曲線連接器、結果、沒有結果、分支: 傳回、分支: 沒有傳回、中斷、外部控制項、細分、文字區塊 8pt
價值資料流地圖圖形	「價值資料流地圖圖形」用於描述物流和訊息資料流的工具，目的是為了找出生產過程中的浪費資訊，可幫助企業精簡生產流程。Visio 2016 提供全新的「價值資料流地圖圖形」，方便使用者繪製這樣的商業文件，例如：庫存、客戶/供應商等工具圖形。	程序、庫存、推送箭頭、客戶/供應商、運送箭頭、運送貨車、生產控制、人工資訊、電子資訊、資料表、時列表段表、時列表總計、生產庫存控制 (kanban)、提取庫存控制 (kanban)、批量庫存控制 (kanban)、批量提取庫存控制 (kanb...、訊號庫存控制 (kanban)、庫存控制 (Kanban) 站、超級市場、安全/緩衝存貨、FIFO 通道、拉動箭頭 1、拉動箭頭 2、拉動箭頭 3、拉動箭頭 4、改善爆發、實體拉動、連續拉動球、負載調整
六標準差品質屋圖形	「六標準差（Six Sigma）品質屋圖形」用於流程改善的工具與程序。說到「品質屋」，就會聯想到一個很重要品管理論—「品質機能展開」（QFD），目前廣泛應用於許多行業，是一種改善產品、服務，並符合客戶需求的技術，目的是為了減少瑕疵的流程，來提高產品品質，可幫助企業提高生產率。Visio 2016 提供全新的「六標準差品質屋圖形」，方便使用者繪製這樣的商業文件，例如：評等、完成、矩陣等工具圖形。	評等、值、相關性、完成、列與欄、列區塊、列標籤、列、欄、矩陣、欄區塊、欄標籤、傾斜的欄、相關矩陣
六標準差流程圖圖形	「六標準差（Six Sigma）流程圖圖形」用於流程改善的工具與程序，目前廣泛應用於許多行業，目的是為了減少瑕疵的流程來提高產品品質，可幫助企業提高生產率。Visio 2016 提供全新的「六標準差流程圖圖形」，方便使用者繪製這樣的商業文件，例如：程序、子程序、換頁參考等工具圖形。	程序、決策、子程序、開始/結束、文件、資料、資料庫、外部資料、自訂 1、自訂 2、自訂 3、自訂 4、頁面上的參考、換頁參考

類型	說明	圖形
原因與效果圖圖形	「原因與效果圖圖形」是一種將所有因素可能導致特定的結果，透過圖片傳媒來表達，或是從多角度進行的腦力激盪，來深入討論問題的原因作法，一般稱作「魚骨圖」或是「石川圖」，可幫助使用者了解問題的所在。Visio 2016 提供全新的「原因與效果圖圖形」，方便使用者繪製這方面的商業文件，例如：效果、魚框架、主要原因 1 等工具圖形。	效果　類別 1　類別 2　魚框架　主要原因 1　主要原因 2　次要原因 1　次要原因 2　次要原因 3　次要原因 4　次要原因 5　次要原因 6
工作流程圖圖形	「工作流程圖圖形」是一種經由適當符號記錄全部工作事項，描述工作活動的順序性。透過圖形反映作業系統各項工作之間的關係，可幫助使用者了解作業應遵循的事項。Visio 2016 提供全新的「工作流程圖圖形」，方便使用者繪製這方面的商業文件，例如：國際部門、銀行、客戶服務等工具圖形。	會計　應付帳款　應收帳款　銀行　董監事會　影印室　客戶服務　分發　財務　資訊系統　國際部門　國際行銷　國際銷售　庫存　法務部門　收發室 1　收發室 2　管理　製造　行銷　車輛調度　封裝　整資　人員 1　人員 2　人事／職員　出版物　採購　品質保證　收貨　接待處　研究與開發　銷售／公關　送貨　供應商　電信　出納　倉庫　動態連接器　線條與曲線連接器　頁面上的參考　換頁參考
故障樹分析圖形	「故障樹分析（FTA）圖形」是一種用在安全工程或可靠度工程領域的專業圖形。透過「故障樹分析圖形」了解系統故障因素，也可幫助使用者找出降低風險的方法。Visio 2016 提供全新的「故障樹分析圖形」，方便使用者繪製這方面的工程專業文件，例如：事件、基本事件、房屋事件等工具圖形。	AND 閘道　OR 閘道　基本事件　未開發的事件　禁止閘道　優先順序 AND 閘道　獨佔 OR 閘道　投票閘道　事件　房屋事件　標件式事件　轉遞符號　動態連接器
標準圖形	「標準圖形」是一種用在控管風險與管理領域的專業圖形。透過「標準圖形」了解風險因素，也可幫助使用者找出有無管控風險。Visio 2016 提供「標準圖形」，方便使用者繪製這方面的管控文件，例如：風險、控制、輸入等工具圖形。	風險　控制　輸入　輸出　宣告　檢閱者　角色

其他 Visio 功能說明

類型	說明	圖形
稽核圖圖形	「稽核圖圖形」是一種讓使用者用於調查、評估內部控制制度之管理手段，可衡量問題所在，適時提供改進建議，並透過「稽核圖圖形」了解問題因素。Visio 2016 提供「稽核圖圖形」，方便使用者繪製這方面的管控文件，例如：手冊檔案、多重文件、資料庫等工具圖形。	標記的程序　決策　標記的文件　I/O　手動操作　終端子　手冊檔案　顯示　頁面上的參考　摘頁參考　分割程序　多個部份的程序/文件　線型/有階影的程序　線型文件　多重文件　資料庫　磁碟儲存體　磁碟 1　磁碟 2　磁帶　資料傳輸　手動輸入　檢查1 (稽核)　比較 1　參考點　查核 2 (稽核)　比較 2　事件　分割事件　標題區塊　附註區塊　動態連接器　線條與曲線連接器
箭頭圖形	「箭頭圖形」用於指明方向、表達趨勢或其他抽象用途。Visio 2016 提供「箭頭圖形」，方便使用者在文件上表達，例如：迴轉箭號、右彎箭號、全向箭號等工具圖形。	簡單箭號　簡單雙箭號　現代化箭號　彈性箭號　右彎箭號　迴轉箭號　爽箭號　弧形向右箭號　弧形箭號(左彎)　多行　多重箭號　2D 多行　條紋箭號　高尾形箭號　箭號圖案　圓形箭號　全向箭號　左-右-上三向箭號　左-右雙向箭號圖案　全向箭號圖案
樞紐分析圖圖形	「樞紐分析圖圖形」用於資料的比較、顯示及關聯，可讓使用者進行分析資料。Visio 2016 提供「樞紐分析圖圖形」，幫助使用者將資料轉換成有意義的資訊圖形，並方便使用者在文件上表達，例如：樞紐分析節點等工具圖形。	樞紐分析節點
凹口 - 組織圖圖形	「凹口 - 組織圖圖形」是一種展示企業內部單位組成及職權、功能關係的結構圖。Visio 2016 提供全新的「凹口 - 組織圖圖形」，幫助使用者快速繪製不同原始的組織圖，例如：高階主管凹口、主管凹口、職位凹口等工具圖形。	高階主管凹口　主管凹口　職位凹口　助理凹口　顧問凹口　職缺凹口　員工凹口　小組框架　多重圖形　三個圖位　名稱/日期　名稱　動態連接器　點線報告　其他直屬主管
展示圖形 - 組織圖圖形	「展示圖形 - 組織圖圖形」是一種展示企業內部單位組成及職權、功能關係的結構圖。Visio 2016 提供全新的「展示圖形 - 組織圖圖形」，幫助使用者快速繪製精緻的組織圖，例如：高階主管精彩圖形、主管精彩圖形、職位精彩圖形等工具圖形。	高階主管精彩圖形　主管精彩圖形　職位精彩圖形　助理精彩圖形　顧問精彩圖形　職缺精彩圖形　員工精彩圖形　小組框架　多重圖形　三個職位　名稱/日期　名稱　動態連接器　點線報告　其他直屬主管

類型	說明	圖形
帶 - 組織圖圖形	「帶 - 組織圖圖形」是一種展示企業內部單位組成及職權、功能關係的結構圖。Visio 2016 提供全新的「帶 - 組織圖圖形」，幫助使用者繪製不一樣的組織圖，例如：高階主管腰帶、主管腰帶、職位腰帶等工具圖形。	高階主管腰帶　主管腰帶　職位腰帶　助理腰帶　顧問腰帶　職缺腰帶　員工腰帶　小組框架　多重圖形　三個職位　名稱/日期　名稱　動態連接器　點線報告　其他直屬主管
界限 - 組織圖圖形	「界限 - 組織圖圖形」是一種展示企業內部單位組成及職權、功能關係的結構圖。Visio 2016 提供全新的「界限 - 組織圖圖形」，幫助使用者快速繪製關聯的組織圖，例如：高階主管繫結、主管繫結、職位繫結等工具圖形。	高階主管繫結　主管繫結　職位繫結　助理繫結　顧問繫結　職缺繫結　員工繫結　小組框架　多重圖形　三個職位　名稱/日期　名稱　動態連接器　點線報告　其他直屬主管
石頭 - 組織圖圖形	「石頭 - 組織圖圖形」是一種展示企業內部單位組成及職權、功能關係的結構圖。Visio 2016 提供全新的「石頭 - 組織圖圖形」，幫助使用者繪製有趣的石頭組織圖，例如：高階主管石頭、主管石頭、職位石頭等工具圖形。	高階主管石頭　主管石頭　職位石頭　助理石頭　顧問石頭　職缺石頭　員工石頭　小組框架　多重圖形　三個職位　名稱/日期　名稱　動態連接器　點線報告　其他直屬主管
花瓣 - 組織圖圖形	「花瓣 - 組織圖圖形」是一種展示企業內部單位組成及職權、功能關係的結構圖。Visio 2016 提供全新的「花瓣 - 組織圖圖形」，幫助使用者繪製有趣的花瓣組織圖，例如：高階主管花瓣、主管花瓣、職位花瓣等工具圖形。	高階主管花瓣　主管花瓣　職位花瓣　助理花瓣　顧問花瓣　職缺花瓣　員工花瓣　小組框架　多重圖形　三個職位　名稱/日期　標題　動態連接器　點線報告　其他直屬主管
透視圖 - 組織圖圖形	「透視圖 - 組織圖圖形」是一種展示企業內部單位組成及職權、功能關係的結構圖。Visio 2016 提供全新的「透視圖 - 組織圖圖形」，幫助使用者繪製立體的透視組織圖，例如：高階主管透視圖、主管透視圖、職位透視圖等工具圖形。	高階主管透視圖　主管透視圖　職位透視圖　助理透視圖　顧問透視圖　職缺透視圖　員工透視圖　小組框架　多重圖形　三個職位　名稱/日期　標題　動態連接器　點線報告　其他直屬主管
錢幣 - 組織圖圖形	「錢幣 - 組織圖圖形」是一種展示企業內部單位組成及職權、功能關係的結構圖。Visio 2016 提供全新的「錢幣 - 組織圖圖形」，幫助使用者繪製商業氣息較重的錢幣組織圖，例如：高階主管錢幣、主管錢幣、職位錢幣等工具圖形。	高階主管錢幣　主管錢幣　職位錢幣　助理錢幣　顧問錢幣　職缺錢幣　員工錢幣　小組框架　多重圖形　三個職位　名稱/日期　名稱　動態連接器　點線報告　其他直屬主管

類型	說明	圖形
面板-組織圖圖形	「面板-組織圖圖形」是一種展示企業內部單位組成及職權、功能關係的結構圖。Visio 2016 提供全新的「面板-組織圖圖形」，幫助使用者繪製廣告面板式的組織圖，例如：高階主管面板、主管面板、職位面板等工具圖形。	高階主管面板　主管面板　職位面板　助理面板　顧問面板　職缺面板　員工面板　小組框架　多重圖形　三個職位　名稱/日期　標題　動態連接器　點線報告　其他直屬主管
骰子點數-組織圖圖形	「骰子點數-組織圖圖形」是一種展示企業內部單位組成及職權、功能關係的結構圖。Visio 2016 提供全新的「骰子點數-組織圖圖形」，幫助使用者繪製不同舊式組織的組織圖，例如：高階主管種子、主管種子、職位種子等工具圖形。	高階主管種子　主管種子　職位種子　助理種子　顧問種子　職缺種子　員工種子　小組框架　多重圖形　三個職位　名稱/日期　名稱　動態連接器　點線報告　其他直屬主管
圖表圖形	「圖表圖形」是一種統計圖表，為表達數據的比例圖形。Visio 2016 提供全新的「圖表圖形」，幫助使用者快速繪製所需的圖表文件，例如：長條圖、圓形圖、3D 座標圖等工具圖形。	長條圖 1　長條圖 2　3D 長條圖　3D 座標軸　垂直文字 3D 條　水平文字 3D 條　圓形圖　圓形圓塊　特殊環圈圓塊　細分橫條 1　細分橫條 2　程序圖　部署圖　功能比較　功能開/關　列標題　資料欄標題　資料欄　是/否方塊　一般曲線　指數曲線　線條圖　圓形線條　資料點　X-Y 軸　X-Y-Z 軸　圖表刻度　X 軸標籤　Y 軸標籤　Z 軸標籤　X 軸　Y 軸　Z 軸　文字區塊 8pt　文字區塊 10pt　文字區塊 12pt　2D 球形文字說明　1D 球形文字說明　水平註標　註標
行銷圖	「行銷圖」是一種方便使用者繪製創造顧客價值的圖形藝術，其是企業行銷人員在執行行銷文件上應有的表現，如：品質、服務與價值。Visio 2016 提供全新的「行銷圖」，幫助使用者繪製精美所需的行銷文件，例如：行銷分析、市場占有率、3D 金字塔等工具圖形。	矩陣　SWOT　步驟圖　附加步驟　循環箭頭　三角形　3D 矩陣　3D 矩陣(含標籤)　安索夫矩陣　波士頓矩陣　定位圖　市場佔有率　行銷分析　3D 金字塔　圓靶圖　PLC　採用程序　一般曲線　範圍 1　範圍 2　行銷混合　3D 方塊　細分的 3D 方塊　3D 圖形　矩形　圓形　文氏圖表　花紋式區塊　彩色區塊　動態連接器
圖例圖形	「圖例圖形」是腦力激盪法（Brainstorming）的其中一種表示圖形，為激發創造力、強化思考力，而設計出來的圖形技巧，可以由一個人或一組人進行。Visio 2016 提供全新的「圖例圖形」，幫助使用者進行腦力激盪繪製所需的文件，例如：想法、完成、圖例等工具圖形。	待辦事項　完成　想法　待處理　重要　問題　高重要性　低重要性　圖例　好　錯誤　優先順序 1　優先順序 2　優先順序 3　刪除　禁止　會議　資訊　星形　工作　注意事項　時間　警告　附註

類型	說明	圖形
腦力激盪圖形	「腦力激盪圖形」是腦力激盪法（Brainstorming）的其中一種表示圖形，為激發創造力、強化思考力而設計出來的圖形技巧，可以由一個人或一組人進行。Visio 2016 提供全新的「腦力激盪圖形」，幫助使用者進行腦力激盪繪製所需的文件，例如：主要主題、多重主題、主題等工具圖形。	主要主題　主題　多重主題　動態連接器　關聯線
交通圖形	「交通圖形」是一種集合用於道路的指示圖形，方便繪製道路上的所有指示圖形。Visio 2016 提供全新的「交通圖形」，幫助使用者繪製所需的道路文件，例如：停止、讓道路、禁止等工具圖形。	號誌燈　停止　讓車道　路線號碼1　禁止進入　禁止停車　單行道　鐵路　鐵路彎道　停車　高速公路　資訊　前頭標誌　前頭　禁止　禁止通行　危險警告　高速公路服務　歇盟　路線號碼2　智慧鐵路1　智慧鐵路2　智慧鐵路3　智慧鐵路（距離）　智慧交會1　智慧交會2　對齊鐵路　交會號碼　城／頻點
休憩圖形	「休憩圖形」是一種集合用於道路的指示圖形，方便繪製道路上的所有休憩圖形。Visio 2016 提供全新的「休憩圖形」，幫助使用者繪製所需的道路休憩文件，例如：洗手間、停車、飲用水等工具圖形。	洗手間　停車　飲用水　營地　初級潛水　溜冰　旅行車　港灣　爬上摩托車　游泳　用品／商店　營火　淋浴　獨木水道　電纜夫球　釣魚　下坡滑雪　騎馬　露天劇場　遊艇　越野滑雪　遠足　攀岩　獨木舟　蹺板　網球　排球　短柄壁球／手球
地標圖形	「地標圖形」是一種集合用於景點的指示圖形，方便繪製景點標示的所有地標圖形。Visio 2016 提供全新的「地標圖形」，幫助使用者繪製所需的景點標示文件，例如：機場、火車站、湖等地標圖形。	機場　火車站　建築1　加油站　公園　體育場　穀倉　關踏車　建築2　巴士　城市　公寓　針葉樹　便利商店　蘭業樹　工廠　渡輪　消防局　湖　旅館　指北針　海洋　室外購物中心　河　學校　超高層建築　郊區住家　計程車　大會堂　鄉鎮房屋　倉庫　比例尺
方位圖圖形 3D	「方位圖圖形 3D」是一種集合用於道路的立體指示圖形，方便繪製立體的道路方位圖形。Visio 2016 提供全新的「方位圖圖形 3D」，幫助使用者繪製所需的立體方位道路圖文件，例如：十字路口、高架橋、三條道路等立體道路圖形。	道路1　道路2　道路3　高架橋1　高架橋2　三條鐵路　十字路口　直路1　直路2　角落1　角落2　行人穿越道　鐵路4　橋　河　汽車1　汽車2　汽車3　汽車4　汽車5　火車1　火車2　樹　天橋　單行道　區塊1　區塊2　區塊3　區塊4　區塊5　區塊6　區塊7　工廠　加油站1　加油站2　商店1　商店2　屋頂1　機場

類型	說明	圖形
道路圖形	「道路圖形」是一種集合用於道路的連接道路圖形，可快速繪製的道路表示圖形。Visio 2016 提供全新的「道路圖形」，幫助使用者繪製所需的道路圖文件，例如：道路方形、道路圓形、4 向道路等道路圖形。	
HVAC 控制	「HVAC 控制」是一種建置規劃專用的圖形，可快速繪製的暖氣、通風及空氣調節系統的圖形。Visio 2016 提供全新的「HVAC 控制」，幫助使用者繪製暖通空調所需的圖形文件，例如：溫度、溼度、電壓等暖通空調圖形。	
HVAC 控制設備	「HVAC 控制設備」是一種建置規劃專用的圖形，可快速繪製的暖氣、通風及空氣調節系統的所需設備圖形。Visio 2016 提供全新的「HVAC 控制設備」，幫助使用者繪製暖通空調所需的設備圖形文件，例如：導管、送風導管、VAV 風箱等暖通空調設備專用圖形。	
HVAC 控制設備	「HVAC 控制設備」是一種建置規劃專用的圖形，可快速繪製的暖氣、通風及空氣調節系統的所需設備零件圖形。Visio 2016 提供全新的「HVAC 控制設備」，幫助使用者繪製暖通空調所需的設備零件圖形文件，例如：幫浦、葉片、消音器等暖通空調設備專用零件圖形。	
HVAC 輸送網	「HVAC 輸送網」是一種建置規劃專用的圖形，可快速繪製的暖氣、通風及空氣調節系統的所需輸送圖形。Visio 2016 提供全新的「HVAC 輸送網」，幫助使用者繪製暖通空調所需的輸送圖形文件，例如：直導管、T 接合、三向接合等暖通空調設備專用輸送網圖形。	

類型	說明	圖形
倉庫 - 運送與接收	「倉庫 - 運送與接收」是一種在建置規劃好的空間環境中放置物品的建築物所需的運送與接收圖形，可快速繪製倉庫 - 運送與接收所需圖形。Visio 2016 提供全新的「倉庫 - 運送與接收」，幫助使用者繪製倉庫所需的運送與接收圖形文件，例如：高地、卸貨台、油箱等專用倉庫圖形。	高地　卸貨台　迴旋門 1　迴旋門 2　捲式百葉窗　隔離門　閘門　貨櫃坡道　月台調整板　壓碎機　大型桶桶　隱藏機箱　油箱　擋泥板　警衛室　安全障礙物　貨櫃　貨櫃起重機　港口起重機
停車與道路	「停車與道路」是一種建置規劃用於道路的建築圖形，可快速繪製停車與道路所需的圖形。Visio 2016 提供全新的「停車與道路」，幫助使用者繪製停車與道路圖形文件，例如：中央分隔島、停車道、停車格等專用停車與道路圖形。	停車帶 1　停車帶 2　弧形停車帶 1　停車格 1　弧形停車帶 2　停車格 2　停車道 1　中央分隔島 1　末端分隔島 1　停車道 2　中央分隔島 2　末端分隔島 2　邊角邊欄 1　邊角邊欄 2　邊角邊欄 3　交叉　有坡道的邊欄　人行穿越道　迴旋島　直路.76　彎路　交叉路口 1　交叉路口 2　斑馬線　道路分隔島
停車與道路 - Visio 2013	「停車與道路 -Visio 2013」是一種建置規劃用於道路的建築圖形，可快速繪製停車與道路所需的圖形。Visio 2016 提供舊版的「停車與道路 -Visio 2013」圖形，幫助使用者繪製停車與道路圖形文件，例如：中央分隔島、停車道、停車格等專用停車與道路圖形。	停車帶 1　停車帶 2　弧形停車帶 1　停車格 1　弧形停車帶 2　停車格 2　停車道 1　中央分隔島 1　末端分隔島 1　停車道 2　中央分隔島 2　末端分隔島 2　邊角邊欄 1　邊角邊欄 2　交叉　有坡道的邊欄　人行道坡道　迴旋島　公路斜角　公路周圍
傢俱	「傢俱」是一種建置規劃用於室內佈置專用器材的物件圖形，可快速繪製室內佈置所需的實體圖形。Visio 2016 提供全新的「傢俱」，幫助使用者繪製室內佈置文件，例如：椅子、沙發、五斗櫃等專用傢俱圖形。	沙發　椅子　方形餐桌　橢圓形餐桌　雙層床　單人床　標準雙人床　加大雙人床　特大雙人床　五斗櫃　儲物床　躺椅　椅凳　靠背躺椅　圓形椅　梳櫃樓　觀葉植物　開花　仙人掌植物　乒乓球桌　平台鋼琴　小型立式鋼琴　書架　床頭櫃　雙門衣櫃　三門衣櫃　書桌　小吧台　電視櫃　橢圓形　跑步機　健身腳踏車　方形桌
傢俱 -Visio 2013	「傢俱 -Visio 2013」是一種建置規劃用於室內佈置專用器材的物件圖形，這是一種可快速繪製室內佈置所需的實體圖形。Visio 2016 提供舊版的「傢俱 -Visio 2013」圖形，幫助使用者繪製室內佈置所需的圖形文件，例如：椅子、沙發、五斗櫃等專用傢俱圖形。	沙發　椅子　方形餐桌　橢圓形餐桌　可調式床　五斗櫃　長沙發　躺椅　椅凳　靠背躺椅　圓形餐桌　四方桌　圓形桌　方形桌　大型植物　小型植物　盆栽植物　乒乓球桌　平台鋼琴　小型立式鋼琴　書架　床頭櫃　雙門衣櫃　三門衣櫃　書桌

類型	說明	圖形
參考資料	「參考資料」是一種建置規劃用於室內佈置專用器材的大型物件圖形，可快速繪製室外所需的實體圖形。Visio 2016 提供全新的「參考資料」，幫助使用者繪製大型物件的文件，例如：直升機、巴士、餐廳等專用參考資料圖形。	
參考資料 - Visio 2013	「參考資料 -Visio 2013」是一種建置規劃用於室內佈置專用器材的大型物件圖形，可快速繪製室外所需的實體圖形。Visio 2016 提供舊版的「參考資料 -Visio 2013」圖形，幫助使用者繪製室內佈置所需的文件，例如：直升機、巴士、餐廳等專用參考資料圖形。	
器具	「器具」是一種建置規劃用於室內佈置專用的生活工具圖形，可快速繪製室內所需的生活實體圖形。Visio 2016 提供全新的「器具」，幫助使用者繪製室內生活所需的工具圖形文件，例如：冰箱、空調機、喇叭等器具圖形。	

類型	說明	圖形
器具 - Visio 2013	「器具 -Visio 2013」是一種建置規劃用於室內佈置專用的生活工具圖形，可快速繪製室內所需的生活實體圖形。Visio 2016 提供舊版的「器具 -Visio 2013」圖形，幫助使用者繪製室內生活所需的工具圖形文件，例如：冰箱、空調機、喇叭等器具圖形。	
園藝配件	「園藝配件」是一種建置規劃用於室外植栽專用的圖形，可快速繪製室外所需的園藝配件圖形。Visio 2016 提供全新的「園藝配件」，幫助使用者繪製園藝配件所需的工具圖形文件，例如：木門、磚路 1、草坪等園藝圖形。	
園藝配件 - Visio 2013	「園藝配件 -Visio 2013」是一種建置規劃用於室外植栽專用的圖形，可快速繪製室外所需的園藝配件圖形。Visio 2016 提供舊版的「園藝配件 -Visio 2013」圖形，幫助使用者繪製園藝配件所需的工具圖形文件，例如：木門、磚路 1、草坪等園藝圖形。	
場所配件	「場所配件」是一種建置規劃用於室外境專用的圖形，可快速繪製室外所需的環境圖形。Visio 2016 提供全新的「場所配件」，幫助使用者繪製境所需的場所圖形文件，例如：燈柱、下水道孔、保全亭等環境圖形。	
場所配件 - Visio 2013	「場所配件 -Visio 2013」是一種建置規劃用於室外境專用的圖形，可快速繪製室外所需的環境圖形。Visio 2016 提供舊版的「場所配件 -Visio 2013」圖形，幫助使用者繪製境所需的場所圖形文件，例如：燈柱、下水道孔、保全亭等環境圖形。	

類型	說明	圖形
工廠-倉儲與配送	「工廠-倉儲與配送」是一種專為工廠建築物所需的運送工具圖形，可快速繪製工廠-倉儲與配送所需圖形。Visio 2016 提供全新的「工廠-倉儲與配送」，幫助使用者繪製工廠所需的運送工具圖形文件，例如：電動堆高機、電動拖板車、輸送帶等專用工廠運送工具圖形。	電動堆高機　手動拖板車　柴油堆高機　座臥升降堆高機　堆高機　訂單取料機　電動拖車機　標準平板　輸送帶　滾輪輸送帶　轉角滾輪　橫式起重機　上開式橫式起重機　下開式橫式起重機　連橫式橫式起重機　橫板起重機　艙門起重機　活動貨架　獨立式貨架　標準貨架　標準軌道　軌道區段　推回軌道　斜軌道　內行軌道　夾層樓　儲油槽
工廠-機器與設備	「工廠-機器與設備」是一種專為工廠生產器具圖形的集合，可快速繪製工廠-機器與設備所需圖形。Visio 2016 提供全新的「工廠-機器與設備」，幫助使用者繪製工廠所需的機器設備圖形文件，例如：CNC 車床、鑽床、產生器等專用工廠生產器具圖形。	CNC 車床　中央車床　水平帶鋸　垂直帶鋸　鑽台　六角砲塔機　垂直砲塔機　水平砲塔機　表面研磨機　成形機　搪磨機　剪毛機　手搖式滾壓機　擦床　擦床機　TIG 焊機　MIG 焊機　產生器　壓縮機　平台台車　工作鉗工台　行動工具箱　標準箱　滅火器　操作員
建築與核心	「建築與核心」是一種為建築物圖形的集合，可快速繪製建築物所需圖形。Visio 2016 提供全新的「建築與核心」，幫助使用者繪製建築所需的圖形文件，例如：坡道、電梯、洗手台 1 等專用建築物圖形。	直向樓梯　樓梯駐腳台　手扶梯　電梯　裝飾用樓梯　剪式樓梯　螺旋型樓梯　轉角平台　樓梯方向　坡道　扶手　轉角扶手　馬桶　多個水槽　多個小便斗　多個隔間　洗臉盆　洗手台 1　公務電梯　洗手台 2　滑運道　卸貨台　防護欄　透明電梯　浴缸　浴室
建築與核心-Visio 2013	「建築與核心-Visio 2013」是一種為建築物圖形的集合，可快速繪製建築物所需圖形。Visio 2016 提供舊版的「建築與核心-Visio 2013」圖形，幫助使用者繪製建築所需的圖形文件，例如：坡道、電梯、洗手台 1 等專用建築物圖形。	直向樓梯　樓梯駐腳台　手扶梯　電梯　裝飾用樓梯　剪式樓梯　螺旋型樓梯　轉角平台　樓梯方向　坡道　扶手　轉角扶手　馬桶　多個水槽　多個小便斗　多個隔間　洗臉盆　小便斗　洗手間區　洗手台 1　公務電梯　洗手台 2　滑運道　卸貨台　防護欄
植栽	「植栽」是一種建置規劃專為室外植栽設計的圖形，可快速繪製室外植栽所需圖形。Visio 2016 提供全新的「植栽」，幫助使用者繪製室外所需的植栽圖形文件，例如：針葉樹、落葉樹、盆栽等專用室外植栽圖形。	針葉樹 A　落葉樹 A　針葉樹灌木 a　落葉灌木 a　針葉樹 B　針葉樹 C　落葉樹 B　落葉樹 C　落葉樹寫青樹　棕櫚樹　針葉樹灌木 b　針葉樹灌木 c　落葉灌木 b　落葉灌木 c　長青落葉灌木　落葉樹籬　針葉樹籬　植被　多年生植物　多汁植物　仙人掌　裝飾用草　盆栽 1　盆栽 2　植物駐樁

類型	說明	圖形
植栽 - Visio 2013	「植栽 -Visio 2013」是一種建置規劃專為室外植栽設計的圖形，可快速繪製室外植栽所需圖形。Visio 2016 提供舊版的「植栽 -Visio 2013」圖形，幫助使用者繪製室外所需的植栽圖形文件，例如：針葉樹、落葉樹、盆栽等專用室外植栽圖形。	針葉樹 A、落葉樹 A、針葉樹灌木 a、落葉灌木 a、針葉樹 B、針葉樹 C、針葉樹 D、落葉樹 B、落葉樹 C、落葉樹 D、闊葉樹常青樹、棕櫚樹、針葉灌木 b、針葉灌木 c、針葉灌木 d、落葉灌木 b、落葉灌木 c、落葉灌木 d、落葉灌木 e、長壽闊葉灌木、闊葉樹叢、針葉樹叢、植被、多年生植物、多汁植物、仙人掌、裝飾用葉、盆栽 1、盆栽 2、植物註欄
櫥櫃	「櫥櫃」用於放置餐具、物品等東西的大型內傢俱，可快速繪製建置規劃室內傢俱所需圖形。Visio 2016 提供全新的「櫥櫃」，幫助使用者繪製室內物品放置的佈局所需文件，例如：基底、牆、寄物櫃等專用櫥櫃圖形。	基底 1、基底 2、基礎端架、基礎牆角、基礎死角、基礎端架、雙聯式端架、基礎雙式 1、基礎雙聯式 2、L 形面、背牆端架、牆 1、牆 2、牆角、牆死角 1、牆死角 2、牆角櫃、牆雙聯式 1、背牆雙聯式 2、牆死角雙聯式、弧形牆末斜角、弧形牆角、弧形 45 度、抽盤、寄物櫃
櫥櫃 - Visio 2013	「櫥櫃 -Visio 2013」用於放置餐具、物品等東西的大型內傢俱，可快速繪製建置規劃室內傢俱所需圖形。Visio 2016 提供舊版的「櫥櫃 -Visio 2013」圖形，幫助使用者繪製室內物品放置的佈局所需文件，例如：基底、牆、寄物櫃等專用櫥櫃圖形。	基底 1、基底 2、基礎端架、基礎牆角、基礎死角、基礎端架、雙聯式端架、基礎雙式 1、基礎雙聯式 2、工具櫃 1、工具櫃 2、L 形面、背牆端架、牆 1、牆 2、牆角、牆死角 1、牆死角 2、牆角櫃、牆雙聯式 1、背牆雙聯式 2、牆死角雙聯...、弧形端末斜角、弧形牆角、弧形 45 度、抽盤、寄物櫃
浴室與廚房規劃	「浴室與廚房規劃」是一種建置規劃用於室內浴室與廚房佈置專用的用品圖形，可快速繪製室內浴室與廚房所需的生活用品圖形。Visio 2016 提供全新的「浴室與廚房規劃」，幫助使用者繪製室內浴室與廚房生活所需的用品圖形文件，例如：馬桶、浴缸、毛巾架等用品圖形。	水槽 1、水槽 2、淋浴、浴缸 1、水槽 3、牆角淋浴、角落浴缸、浴缸 2、橢圓浴缸、馬桶 1、馬桶 2、坐式浴缸、腳柱式面盆 1、腳柱式面盆 2、洗臉盆、壁掛面盆 1、壁掛面盆 2、鏡櫃 1、鏡櫃 2、毛巾架、擦手紙巾箱、插座、面盆 4、按摩浴缸、壁掛馬桶、掛衣架、烘手機
浴室與廚房規劃 -Visio 2013	「浴室與廚房規劃 -Visio 2013」是一種建置規劃用於室內浴室與廚房佈置專用的用品圖形，可快速繪製室內浴室與廚房所需的生活用品圖形。Visio 2016 提供舊版的「浴室與廚房規劃 -Visio 2013」圖形，幫助使用者繪製室內浴室與廚房生活所需的用品圖形，例如：馬桶、浴缸、毛巾架等用品圖形。	水槽 1、水槽 2、淋浴、浴缸 1、水槽 3、牆角淋浴、牆角浴缸、浴缸 2、橢圓浴池、隔牆式馬桶、馬桶、蹲式馬桶、坐式浴缸、腳柱式面盆 1、腳柱式面盆 2、洗臉盆、水槽、雙水槽、毛巾架、鏡櫃 1、鏡櫃 2、擦手紙巾箱

類型	說明	圖形
灑水	「灑水」是一種建置規劃用於灑水專用的圖形集合，可快速繪製灑水所需的硬體設備圖形。Visio 2016 提供全新的「灑水」，幫助使用者繪製灑水所需的圖形文件，例如：閥、控制器、水錶等灑水圖形。	可變圓形灑水頭、可變矩形灑水頭、側線、主線、灑水線、閥、閥按鍵符號、控制器、回流整流器、水龍頭開關、水錶
牆、門與窗戶	「牆、門與窗戶」是一種建置規劃用於室內隔間專用的圖形集合，可快速繪製所需的隔間設備圖形。Visio 2016 提供全新的「牆、門與窗戶」，幫助使用者繪製室內隔間所需的圖形文件，例如：房間、門、開口等牆、門與窗戶圖形。	房間、牆、門、窗戶、「L」室、「T」室、彎曲式道、開口、雙門、空間、壁柱、牆角壁柱、註標、控制器維度、房間度量
牆、骨架與結構	「牆、骨架與結構」是一種建置規劃用於建立建築物的基本元件專用的圖形集合，可快速繪製建築物所需的隔間設備圖形。Visio 2016 提供全新的「牆、骨架與結構」，幫助使用者繪製建築物所需的圖形文件，例如：房間、門、外牆等牆、骨架與結構圖形。	房間、牆、窗戶、門、「L」室、「T」室、空間、「L」空間、「T」空間、外牆、彎曲式牆、滑動窗戶、外推窗、開口、側開、雙線、不對等、相反、控轉、嵌入、雙嵌入、繞徑、摺疊、雙摺疊、滑動式玻璃、滑升門、庭院牆、帷幕牆、蓄牆、平板、壁柱、牆角壁柱、橫模、矩形欄、圓形欄、控制器維度、房間度量、門排程、窗戶排程、格線原點、格線
管線與閥 - 管線 1	「管線與閥 - 管線 1」是一種建置規劃用於建立建築物的管線元件專用的圖形集合，可快速繪製建築物所需的管線設備圖形。Visio 2016 提供全新的「管線與閥 - 管線 1」，幫助使用者繪製建築物所需的管線圖形文件，例如：內部連接、接合、包覆等管線與閥圖形。	十字交叉、接合、交叉、肘形 45、肘形 90、雙分支、熱或冷、訊號線、電線、氣動線、液壓線、毛細管線、路線電鈕、內部連接、包覆、遲延、套筒式、流向指示、管線口徑變更、減壓器、機械連結、電子裝置、振動裝置、壓縮裝置、噴濺裝置、控轉動作、攪拌/風扇、基本支援、輔助線 1、制止器、鉚點、輔助線 2、支援/貓、掛架、存取點、防震閥、彈性規定、波紋管、套管延伸、擴充迴路、彈性水管、流量節流器
管線與閥 - 管線 2	「管線與閥 - 管線 2」是一種建置規劃用於建立建築物的電力管線元件專用的圖形集合，可快速繪製建築物所需的電力管線設備圖形。Visio 2016 提供全新的「管線與閥 - 管線 2」，幫助使用者繪製建築物所需的電力管線圖形文件，例如：電力絕緣、一般接合、阻火器等管線與閥圖形。	一般接合、對縫焊接、鉛鑄/溶劑、螺杆式接合、承插接合、套筒接合、套溝焊、凸緣式/螺栓、旋轉接合、電力融合、電力絕緣、末端套蓋 1、末端套蓋 2、末端套蓋 3、擴裝蓋、阻火器、過濾器、Y 過濾器、分離器、水管消音器、排氣管消音器、滴鏽分配器、蠟嘴、排氣管頭、波封開啟/關閉、開啟通口、虹吸水管、消防栓

類型	說明	圖形
管線與閥 - 閥 1	「管線與閥 - 閥 1」閥是一種開關，在建置規劃中用於表示各種流量控制用途，可快速繪製建築物所需的水流開關設備圖形。Visio 2016 提供全新的「管線與閥 - 閥 1」，幫助使用者繪製建築物所需的水流開關圖形文件，例如：逆止閥、洩壓閥、角閥等管線與閥圖形。	直通閥　蝶空閥　洩壓閥　角閥　逆止閥　浮力操作　凸緣閥　蝶型閥　球型閥　針閥　隔膜閥　楔形/平行　閘閥　球閥　動力閥　洩壓(角)　減壓閥　塞閥　3 向塞閥　混合閥　字元. 埠口
管線與閥 - 閥 2	「管線與閥 - 閥 2」閥是一種開關，在建置規劃中用於表示各種流量控制用途，可快速繪製建築物所需的電力開關設備圖形。Visio 2016 提供全新的「管線與閥 - 閥 2」，幫助使用者繪製建築物所需的電力開關圖形文件，例如：電力訊號、靜態載入、調節等管線與閥圖形。	直列閥　手動隔縮　電力訊號　靜態載入　彈簧載入　遠端控制　隔板　纜作業　蓋輪作業　纏線管　壓縮負荷　浮動作業　緩衝器/活塞　快速-開啟/關閉　連接單位　馬達元件　調節
視訊與監視	「視訊與監視」在建置規劃中用於表示各種可以通過不同設備來記錄和傳播的器材，可快速繪製建築物所需的視訊設備圖形。Visio 2016 提供全新的「視訊與監視」，幫助使用者繪製建築物所需的視訊圖形文件，例如：照相機、螢幕、視訊多工器等視訊專用圖形。	照相機　移動感測器　消防把手箐庫器　遞濾裝置　螢幕　攝影機 P/T/Z　視訊多工器　推按鈕　攝錄機　開關-手動　開關-自動　視訊鍵盤　雙靜態光線感器　保全視窗螢幕與警報　視訊動作偵測器　電線連接器
資源	「資源」在建置規劃中用於表示各種可以使用建築時的資源圖形。Visio 2016 提供全新的「資源」，幫助使用者繪製建築物所需的資源文件圖示，例如：人員、電腦、印表機等視訊專用圖形。	空間　界限　資產　人員　電腦　印表機　空間報告　資產報告　移動報告
起始與通告	「起始與通告」在建置規劃中用於表示各種可以使用建築時的零件元件圖形。Visio 2016 提供全新的「起始與通告」，幫助使用者繪製建築物所需的零件圖示，例如：CPU、鍵盤、對講機等視訊專用圖形。	多工面板　控制面板　CPU　鍵盤　印表機　聲音裝置　對講機　雙向無線電　文件碎紙機

類型	說明	圖形
車輛	「車輛」在建置規劃中用於表示各種可以移動的物體圖形，即指使用於人或貨物運輸的設備。Visio 2016 提供全新的「車輛」，幫助使用者繪製交通運輸所需的移動設備圖示，例如：小車、中型車、貨車等運輸專用設備圖形。	小車、中型車、小型半拖車、大型半拖車、大型廂車、迷你箱型車、大型卡車、大型轎車、小貨車、小型貨車、大型拖車、中型拖車、小型拖車、貨車、半拖車、地鐵、聯結式地鐵、纜車、電車、消防車、貨車迴轉、巴士迴轉、超大型拖車迴轉（含半拖車）、大型拖車迴轉（含半拖車）、小型拖車迴轉（含半拖車）、腳踏車、機車、救護車
車輛 - Visio 2013	「車輛 -Visio 2013」在建置規劃中用於表示各種可以移動的物體圖形，即指使用於人或貨物運輸的設備。Visio 2016 提供舊版的「車輛 -Visio 2013」圖形，幫助使用者繪製交通運輸所需的移動設備圖示，例如：小車、中型車、貨車等運輸專用設備圖形。	小車、中型車、箱型車、大型半拖車、大型廂車、迷你箱型車、大型卡車、大型轎車、小貨車、小型貨車、大型拖車、中型拖車、小型拖車、小型半拖車、貨車、半拖車、地鐵、聯結式地鐵、遊覽車、校車、電車、消防車、貨車迴轉、巴士迴轉、超大型拖車迴轉（含半拖車）、大型拖車迴轉（含半拖車）、小型拖車迴轉（含半拖車）
辦公室傢俱	「辦公室傢俱」是一種建置規劃用於辦公室佈置專用器材的物件圖形，可快速繪製辦公室佈置所需的實體圖形。Visio 2016 提供全新的「辦公室傢俱」，幫助使用者繪製辦公室佈置文件，例如：桌椅、桌子、矮櫃、私人辦公桌等專用辦公室傢俱圖。	桌子、轉椅、抽屜、保管箱、鬆形桌、弧形桌、私人辦公桌、圓桌、多張椅子圓桌、多張椅子長桌、椅凳、休閒椅、私人辦公桌、矮櫃、躺椅、牆角桌、轉角圓、多張椅子弧形桌、多張椅子鬆形桌、梯形桌、組合式梯形桌、組合式弧形桌、多張椅子梯形桌、圓角、接待櫃台、主管椅、沙發連接器向內、訪客椅、沙發
辦公室傢俱 - Visio 2013	「辦公室傢俱 -Visio 2013」是一種建置規劃用於辦公室佈置專用器材的物件圖形，可快速繪製辦公室佈置所需的實體圖形。Visio 2016 提供舊版的「辦公室傢俱 -Visio 2013」圖形，幫助使用者繪製辦公室文件，例如：沙發、桌子、90 度桌子、45 度桌子等專用辦公室傢俱圖形。	書桌、桌子、檔案櫃、橫式檔案櫃、多張椅子長桌、多張椅子弧形桌、弧形桌、矮櫃、多張椅子鬆形桌、鬆形桌、書櫃、多張椅子圓桌、圓桌、保管箱、圓角、工作圍、轉角圓、平面檔案櫃、斜靠傾斜椅、雙座位沙發、沙發、椅子、轉椅、高腳凳、沒有扶手的側椅、有扶手的側椅、椅凳、座位組、單扶手座位組、雙扶手座位組、牆角桌、90 度桌子、45 度桌子、30 度向內座位組、30 度向外座位組
辦公室設備	「辦公室設備」是一種建置規劃用於辦公室佈置專用設備圖形，可快速繪製辦公室所需的實體設備圖形。Visio 2016 提供全新的「辦公室設備」，幫助使用者繪製辦公室的設備圖形文件，例如：個人電腦、電話、傳真機、影印機等專用辦公室設備圖形。	個人電腦、電話、印表機、傳真機、鍵盤、掃描器、繪圖機、文件碎紙機、影印機、終端機、筆記型電腦、集線器、LSX、電話接頭、開關、電源點、監視器支撐架、電話與小交換機、滑鼠、螢幕、投影幕、投影機、平板電腦、立式個人電腦、高射投影機

類型	說明	圖形
辦公室設備 -Visio 2013	「辦公室設備 -Visio 2013」是一種建置規劃用於辦公室佈置專用設備圖形，可快速繪製辦公室所需的實體設備圖形。Visio 2016 提供舊版的「辦公室設備 -Visio 2013」圖形，幫助使用者繪製辦公室的設備圖形文件，例如：個人電腦、電話、傳真機、影印機等專用辦公室設備圖形。	個人電腦　電話　印表機　傳真機　掃描器　終端機　個人電腦螢幕　立式個人電腦　鍵盤　打字機　文件碎紙機　繪圖機　速印機　桌上型影印機　影印機　投影機　高射投影機　投影機　電話接頭　開關　電源點　電話專用小交換機　集線器　螢幕
辦公室配件	「辦公室配件」是一種建置規劃用於辦公室可能會有的物體專用圖形。Visio 2016 提供全新的「辦公室配件」，幫助使用者繪製辦公室的各種狀況圖形文件，例如：女人走路、衣架、白板、檯燈等專用辦公室配件圖形。	棕櫚樹　大棕櫚樹　白板　檯燈　桌球桌　撞球桌　桌燈　方形垃圾筒　圓形垃圾筒　衣架　釘板　自動販賣機　咖啡機　手足球桌　女人走路　女人站立　女人工作　女人等候　女人休息　男人走路　男人站立　男人工作　男人等候　男人休息　觀葉植物　開花　仙人掌植物　大量開花　大量葉片
辦公室配件 -Visio 2013	「辦公室配件 -Visio 2013」是一種建置規劃用於辦公室可能會有的物體專用圖形。Visio 2016 提供舊版的「辦公室配件 -Visio 2013」圖形，幫助使用者繪製辦公室的各種狀況圖形文件，例如：小型植物、大型植物、白板、檯燈等專用辦公室配件圖形。	小型植物　大型植物　白板　檯燈　植物　衣架　釘板　圓形垃圾筒　桌燈　方形垃圾筒　紙匣
通氣機格柵與擴散器	「通氣機格柵與擴散器」需要搭配「HVAC 控制設備」是一種建置規劃專用空調圖形，可快速繪製暖氣、通風及空氣調節系統的所需調節設備圖形。Visio 2016 提供全新的「通氣機格柵與擴散器」，幫助使用者繪製空調可能使用到的圖形文件，例如：送風擴散器、迴風擴散器、格柵擴散器等專用空調設備圖形。	送風擴散器　迴風擴散器　格柵擴散器　線性擴散器　嵌入式擴散器　格柵 (側圖)
運動場與休憩	透過「運動場與休憩」的圖形，可快速繪製文件所需運動場圖形。Visio 2016 提供全新的「運動場與休憩」，幫助使用者繪製運動可能使用到的圖形文件，例如：溫泉、網球場、美式足球場等專用運動場圖形。	矩形水池　溫泉　美式足球場　網球場　橢圓形水池　賢型水池　競賽水池　競賽池　跳水踏板 1　跳水踏板 2　賴鞦組　運動結構　籃球框　禁區　三分球區　籃球球場　羽毛球場　排球場　足球場　棒球場　體育場　板球場　曲棍球場　室內體育場

其他 Visio 功能說明

類型	說明	圖形
運動場與休憩 -Visio 2013	透過「運動場與休憩 -Visio 2013」的圖形，可快速繪製文件所需運動場圖形。Visio 2016 提供舊版的「運動場與休憩 -Visio 2013」圖形，幫助使用者繪製運動可能使用到的圖形文件，例如：溫泉、網球場、美式足球場等專用運動場圖形。	矩形水池　溫泉　美式足球場　網球場　橢圓形水池　腎臟水池　競賽水池　競賽池　跳水踏板　鞦韆組　運動結構　籃球球框　菜區　三分球區　籃球球場　羽毛球場　排球場　足球場　棒球場
配管	「配管」是一種建置規劃用於建立建築物的管線安置專用的圖形集合，可快速繪製建築物所需的管線安置設備圖形。Visio 2016 提供全新的「配管」，幫助使用者繪製建築物所需的管線安置圖形文件，例如：變頻器、水槽組件、散熱器等配管圖形。	鍋爐　加熱/冷卻線圈　幫浦　散熱器　變頻器　輻射面板(平面)　加熱器/冷卻器　輻射面板(正面)　儲存槽開放/封閉　水表面　管線線圈　水槽組件　洗臉盆　馬桶 1　浴缸　洗臉盆(側面)　馬桶(側面)　浴缸(側面)　末端檢視　馬桶 2　淋浴噴頭　手巾架
防盜與門禁管制	「防盜與門禁管制」是一種建置規劃用於建立建築物的安全保護專用的圖形集合，可快速繪製建築物所需的安全設備圖形。Visio 2016 提供全新的「防盜與門禁管制」，幫助使用者繪製建築物所需的安全保護圖形文件，例如：磁卡出入、旋轉門、電子鎖等安全措施圖形。	磁卡出入　生物測量出入控制　鍵盤裝置　有鍵盤的讀卡機　有時間的讀卡機　十字轉門　旋轉門　通行柵欄　車輛磁路偵測器　電子鎖　出口裝置　有圓盤的攝影機　有對講機的攝影機　有讀卡機的攝影機　保全喜戶屏幕
隔間	「隔間」是一種建置規劃用於室內隔間專用的圖形集合，建議搭配「牆、門與窗戶」或是「牆、骨架與結構」的專業建築物圖形。Visio 2016 提供全新的「隔間」，幫助使用者繪製室內隔間所需的圖形文件，例如：直向工作隔間、會議工作隔間、立方體工作隔間等專業建築圖形。	立方體工作隔間　小型的 L 形工作站　直向工作隔間　會議工作隔間　大型的 L 形工作站　U 形工作隔間　面板轉接柱　彎曲式面板　牆角面　面板　圓角　工作半島區　腳柱式　儲存單位　懸吊開放櫃子　懸吊模式檔案櫃
隔間 - Visio 2013	「隔間 -Visio 2013」是一種建置規劃用於室內隔間專用的圖形集合，建議搭配「牆、門與窗戶」或是「牆、骨架與結構」的專業建築物圖形。Visio 2016 提供舊版的「隔間 -Visio 2013」圖形，幫助使用者繪製室內隔間所需的圖形文件，例如：直向工作隔間、會議工作隔間、立方體工作隔間等專業建築圖形。	立方體工作隔間　L 工作隔間　直向工作隔間　會議工作隔間　L 形工作隔間　U 形工作隔間　面板轉接柱　彎曲式面板　面板　圓角　工作圍　牆角面　工作半島區　腳柱式　儲存單位　懸吊外套櫃/架　懸吊開放櫃子　懸吊模式檔案櫃

類型	說明	圖形
電子和通訊	「電子和通訊」是一種建置規劃用於通訊圖形集合。Visio 2016 提供全新的「電子和通訊」，幫助使用者繪製建築物內的通訊設備所需的圖形文件，例如：天花板燈、室外照明、吊燈等專業電子和通訊圖形。	天花板燈、密封式天花板燈、開關、電源插座、壁燈、吊燈、向下照明、室外照明、劇場燈、模組化螢光燈、辦公室日光燈、手拉式開關、緊急照明、緊急機纜、調光器開關、電話輸出、立體輸出、電視輸出、服務面板、控溫器、頂扇、固定開敝單位、偵測器、火災警報、主控制、接地、電纜連接器
幾何維度與容錯	「幾何維度與容錯」是一種機械工程，而機械工程是一門利用物理定律透過機械進行動作的科學，而「幾何維度與容錯」的圖形對於機械工程而言是很重要的。Visio 2016 提供全新的「幾何維度與容錯」，幫助使用者繪製機械工程所需的圖形文件，例如：同心、對稱、位置等專業機械工程的圖形。	資材符號、資材 (舊)、資材 (新)、資材標的、方塊註標、註標、開圓線接註標、文字區塊、簡單框架、基本框架、1 資材框架、2 資材框架、3 資材框架、筆直、平坦、線條輪廓、圓形、圓柱型、表面輪廓、位置、同心、對稱、平行、垂直、角的、線擺動、圓形擺動、材質條件、表面光潔度、弧線長度、直徑、攝孔/孔口平圈、埋頭孔、深度、斜率、錐形銷、統計容錯
彈簧與軸承	「彈簧與軸承」是一種機械工程的元件，軸承（bearing）又名培林，主要功能是支撐旋轉體或直線來回運動體，用於保持軸的中心位置及控制，彈簧則是透過彈性來工作的機械零件。Visio 2016 提供全新的「彈簧與軸承」，幫助使用者繪製彈簧與軸承等機械零件時更加順暢，例如：倒斜角、螺紋孔、彈簧勾等專業機械工程的零件圖形。	一般、架槽、斜角連接、角面接觸 (雙列)、目位軸承 (雙列)、止推、圓柱形滾柱、圓柱形滾柱 (雙列)、錐形滾柱、滾針、球面滾柱 (雙列)、齒輪、螺旋彈簧、彈簧勾、錐形軸、錐形按鍵、圓頭鍵、倒斜角、截槽、中心鑽孔、剖面、主軸端、埋頭孔、螺紋孔 1、繞槽、螺紋孔 2、穿通孔
流體動力 - 設備	「流體動力 - 設備」是一種機械工程的設備，而流體動力（Fluid dynamics）是一門研究運動中液體或氣體的狀態與規律。Visio 2016 提供全新的「流體動力 - 設備」，幫助使用者繪製機械工程中，表示流體動力的機械設備，例如：空壓機、幫浦、壓力表等專業機械工程的零件圖形。	幫浦/馬達 (簡單)、幫浦/馬達 1、幫浦/馬達 2、空壓機、傳動器 (半迴旋)、驅動單元、單動、雙動式、雙動磁性、雙端、伸縮式、傳壓器、准壓器、傳動器/准壓器、儲存器、氣體接收器、能量末端、能量來源 1、深壓機、密封儲槽、濾器、分離器、空氣乾燥機/注油器、空氣服務單元、熱交換器、壓力表、溫度計、流量指示器、流量計、轉速計、開關/換能器、脈衝計數器 1、脈衝計數器 2、消音器、水管

類型	說明	圖形
流體動力 - 閥	「流體動力 - 閥」是一種機械工程的開關設備，而流體動力（Fluid dynamics）是一門研究運動中液體或氣體的狀態與規律，閥是一種開關，在機械工程中用於控制各種流量用途。Visio 2016 提供全新的「流體動力 - 閥」，幫助使用者繪製機械工程中，表示流體動力的機械開關設備，例如：2/2 閥、4/2 閥、節流閥等專業機械工程的開關圖形。	2/2 閥、3/2 閥、4/2 閥、5/2 閥、4/3 閥、5/3 閥、節流閥、閥門、單向節流閥、流量控制、分流閥、止控、連接閥（連接）、連接閥（分離）、往復閥、快速排放、筒形插裝式閥、洩壓閥、洩壓閥 2、降壓、洩壓閥（電動）
流體動力 - 閥組合	「流體動力 - 閥組合」是一種機械工程的開關設備，而流體動力（Fluid dynamics）是一門研究運動中液體或氣體的狀態與規律，閥是一種開關，在機械工程中用於控制各種流量用途。Visio 2016 提供全新的「流體動力 - 閥」，幫助使用者繪製機械工程中，表示流體動力的機械開關組合設備，例如：4 位 5 孔、放氣、栓等專業機械工程的開關組合圖形。	雙位 2,3,4 孔、雙位 5 孔、3 位 2,3,4 孔、3 位 5 孔、4 位 2,3,4 孔、4 位 5 孔、方塊、2 孔、2 孔封閉、3 孔、3 孔交叉、4 孔、4 孔封閉、4 孔交叉、4 孔串聯、4 孔開放、4 孔半連接、4 孔橫跨、5 孔、5 孔封閉、5 孔交叉、彈簧、柱塞、鞍子、手動優先、推/拉式按鈕、槓桿、踏板、電動鞍子、電動（線性）、液控操作、剎車器、接合點、接合/交叉、彎曲線、放氣、流體重量、排氣口、液流、旋轉連接、可變節頭、彎曲箭頭、箭頭、軸、連桿、通度 - 中央、栓、封閉路徑、電力、節流、封閉路徑（兩側）、溫度
焊接符號	「焊接符號」是一種機械工程的接合技術專用圖形，焊接（Welding）是一種以加熱方式接合金屬或其他熱塑性塑料的工藝及技術。Visio 2016 提供全新的「焊接符號」，幫助使用者繪製機械工程焊接二個機械零件，例如：點焊、U 形槽、透熔等專業機械工程的焊接圖形。	點焊、電阻縫、插槽/插頭、崁釘、箭頭、彎曲箭頭、其他箭頭、鱗累線、鱗累線 - 有角度的、文字區塊、扇角、背板、表面處理、法蘭接角、法蘭邊緣、方形槽、V 形槽、斜邊槽、U 形槽、J 形槽、喇叭口 V 形槽、喇叭口形斜邊、縫接、透熔、現場焊接、背板/隔板、插入
緊扣件 1	「緊扣件 1」是一種機械工程可以將二個或多個零件以機械方式固定或接合在一起的機械零件。Visio 2016 提供全新的「緊扣件 1」，幫助使用者繪製機械工程中，表示固定機械設備的零件，例如：方形螺母、六角螺母、肩頭螺絲等專業機械工程的接合圖形。	方頭螺栓、方頭螺栓上視圖、方形螺母、六角頭螺栓、六角螺栓上視圖、六角螺母、六角凹頭螺栓、六角凹頭螺栓上視圖、六角防鬆螺母、蝶形螺絲、蝶形螺絲上視圖、蝶形螺母 1、錐形螺絲（一字）、錐形頭螺絲上視圖、蝶形螺母 2、圓頭螺絲（一字）、圓頭螺絲上視圖、六角螺帽、埋頭螺絲（一字）、埋頭螺絲上視圖、六角螺母上視圖、凸圓頭螺絲（一字）、凸圓頭螺絲上視圖、方形螺母上視圖、槽頭螺絲（一字）、槽頭螺絲上視圖、蝶形螺母上視圖、十字螺絲上視圖 1、凸圓埋頭螺絲（十字）、埋頭螺絲（十字）、十字螺絲上視圖 2、六角肩頭螺絲（一字）、凸圓圓頭螺絲（一字）、凸圓頭螺絲上視圖、圓頭螺絲（一字）、肩頭螺絲（一字）

類型	說明	圖形
緊扣件 2	「緊扣件 2」是一種機械工程可以將二個或多個零件以機械方式固定或接合在一起的機械零件。Visio 2016 提供全新的「緊扣件 2」，幫助使用者繪製機械工程中，表示固定機械設備的零件，例如：墊圈、盤頭鉚釘、圓頭鉚釘等專業機械工程的接合圖形。	
儀器	「儀器」是一種製程工程一定會用到的硬體設備，儀器（Instrument）是一種用於科學研究或技術測量的設備或裝置。Visio 2016 提供全新的「儀器」，幫助使用者繪製製作工程中所需的量測設備，例如：CRT、電腦、壓力計等專業製程工程的量測圖形。	
管線	「管線」是一種製程工程一定會用到的硬體零件，外型是一種長型中空的圓柱材質體用於傳輸液體、氣體或是保護銅線、光纖。Visio 2016 提供全新的「管線」，幫助使用者繪製製作工程中所需的管，例如：主管線 R、次管線 R、主管線 L 等專業製程工程的圖形。	
製作註釋	「製作註釋」是一種用於各種圖形的註釋，用來描述製程工程文件需要額外標示說明文字的圖形。「製作註釋」可與任何製程工程圖形產生關聯。當製程工程圖形移動位置時，「製作註釋」也會隨製程工程圖形移動，使用者應善用「製作註釋」對文件需要的製程工程圖形加以額外文字說明。Visio 2016 提供全新的「製作註釋」，幫助使用者繪製作工程中所需的「製作註釋」，例如：介面點 1、註標 1、閥清單等專業製程工程的圖形。	

類型	說明	圖形
設備 - 一般	「設備 - 一般」是一種製程工程的設備圖形集合。Visio 2016 提供全新的「設備 - 一般」，幫助使用者加快繪製製作工程中所需的設備圖形，例如：混合器、輸送機、升降機等專業製程工程的圖形。	超旋氣碎機、氣碎機、混合器、氣旋1、滾動氣碎機、錐碎機、各種氣碎機1、各種氣碎機2、球形打磨機、各種打磨機、各種混合器、鉸接器、各種鉸接器、攪拌器、雙倍攪拌器、液體分離器、濾器1、濾器2、旋轉過濾器、螢幕、電磁、氣旋2、離心1、離心2、深球機、顆粒塔、乾燥器、輸送機、傳送輪、吊桿裝貨、刮刀輸送機、螺絲輸送機、電梯1、電梯2、側卸車升降機、高架輸送機、升降機、電動馬達、油罐卡車、油罐車
設備 - 容器	「設備 - 容器」是一種製程工程的基礎工具圖形集合，可以用於容納、儲存其他物品的工具。Visio 2016 提供全新的「設備 - 容器」，幫助使用者加快繪製製作工程中所需的容器圖形，例如：氣瓶、圓筒、容器等專業製程工程的圖形。	容器、圓柱、高壓消毒器、儲存槽、托盤圓柱、液箱接觸、反應容器、開放槽、傾斜器、封閉槽、覆蓋槽、探測機、儲存球體、圓筒、氣瓶、袋、運輸管線、托盤(虛線)、托盤(實線)、水表面、分支配件、進入點、凸緣式進入點
設備 - 幫浦	「設備 - 幫浦」是一種製程工程的加壓工具圖形集合。幫浦（PUMP）是一種專門用於移動液體、氣體、流體等的製程裝置。Visio 2016 提供全新的「設備 - 幫浦」，幫助使用者加快繪製製作工程中所需的圖形，例如：正向轉移、葉片、嵌入幫浦等專業製程工程的圖形。	嵌入幫浦、離心式幫浦、可變取壓縮機1、可變取風扇1、正向轉移、旋轉幫浦1、旋轉幫浦2、比例幫浦、可變取幫浦1、可變取幫浦2、可變取幫浦3、可變取壓縮機3、可變取壓縮機、旋轉壓縮機、馬達驅動渦輪機、壓縮機/渦輪機、往復式幫浦1、往復式幫浦2、可變取風扇2、離心式風扇、軸流風1、軸流扇2、射出器/噴射器、噴油、葉片、三扇葉
設備 - 熱交換器	「設備 - 熱交換器」是一種將熱能從熱流體傳遞到冷流體，為符合製程工程要求的裝置。Visio 2016 提供全新的「設備 - 熱交換器」，幫助使用者加快繪製製作工程中所需的圖形，例如：鍋爐、冷卻塔、熱交換器等專業製程工程的圖形。	熱交換器1、鍋爐、冷卻塔1、冷凝器、熱交換器2、桑葉與管、管包1、管包2、再沸機、敞氣式冷卻器、板類型、螺狀管、雙倍管線類型、油燃燒器、螺葉管、冷卻塔2、冷卻塔3、自動鍋爐、冰箱、蒸發冷凝器、冷凝器(冷氣)、油分離器、冷卻乾燥器、氣冷式乾燥器、抽取器罩、高壓消毒器、葉片、三扇葉
閥與配件	「閥與配件」是一種製程工程中的開關零件，閥是一種開關，在製程工程中用於控制各種流量用途。Visio 2016 提供全新的「閥與配件」，幫助使用者加快繪製製作工程中所需的圖形，例如：角閥、浮力操作、消防栓等專業製程工程的圖形。	閘閥、球型閥、逆止閥、動力閥、螺旋閥、切換式逆止閥、隔膜閥、針閥、洩壓閥、角閥、浮力操作、凸緣閥、蝶型閥、楔形/平行、球閥、洩壓(角)、減壓閥、塞閥、3向塞閥、混合閥、字形埠口、閥集合管、減壓器、一般接合、對鐵焊接、凸緣式/螺栓、鉛鑄/溶劑、螺栓式接合、承插、套筒接合、套焊接、旋轉接合、末端套蓋1、末端套蓋2、電力融合、電子絕緣、爆裂蓋、阻火器、過濾器

類型	說明	圖形
VHF-UHF-SHF	「VHF-UHF-SHF」是一種電子工程中的頻率圖形。VHF（Very high frequency）是一種 30MHz 到 300MHz 的無線電電波，而 UHF（Ultra High Frequency）是 一 種 由 300MHz 到 3GHz 的 電 磁 波，SHF（Super high frequency）則是一種頻帶 3GHz 到 30GHz 的 無 線 電 波。Visio 2016 提 供 全 新 的「VHF-UHF-SHF」，幫助使用者加快繪製電子工程中所需的圖形，例如：中斷、電阻、等位分流器等專業電子工程的圖形。	
傳輸路徑	「傳輸路徑」是一種電子工程中的頻率傳輸方向與裝置專用圖形。Visio 2016 提供全新的「傳輸路徑」，幫助使用者加快繪製電子工程中所需的傳輸裝置圖形，例如：端子、測試點、光纖等專業電子工程的圖形。	
傳輸路徑 - Visio 2013	「傳輸路徑 - Visio 2013」是一種電子工程中的頻率傳輸方向與裝置專用圖形。Visio 2016 提供舊版的「傳輸路徑 -Visio 2013」圖形，幫助使用者加快繪製電子工程中所需的傳輸裝置圖形，例如：端子、流向、直線匯流排等專業電子工程的圖形。	
半導體與電晶管	「半導體與電晶管」是一種電子工程中的儀器組成專用零件圖形。Visio 2016 提供全新的「半導體與電晶管」，幫助使用者加快繪製電子工程中所需的設備內容零件圖形，例如：二極體、發光二極體、電阻等專業電子工程的零件圖形。	

類型	說明	圖形
半導體與電晶管 -Visio 2013	「半導體與電晶管 -Visio 2013」是一種電子工程中的儀器組成專用零件圖形。Visio 2016 提供舊版的「半導體與電晶管 -Visio 2013」圖形，幫助使用者加快繪製電子工程中所需的設備內容零件圖形，例如：二極體、發光二極體、電阻等專業電子工程的零件圖形。	雙極性電晶體　二極體　發光二極體　MOSFET　接面　橫向偏置　電阻　單接面　達靈頓對　栓　N 型 IGFET　P 型 IGFET　通道二極體　反向二極體　變容二極體　兩端開關元件　雙向三極管開關　控制閘　可控式整流器　閘關整流器　四層二極體　崩潰二極體　二極真空管　三極管　四極真空管　五極真空管　斷閘三極管
地圖與圖表	「地圖與圖表」是一種電子工程中的無線標示位置的圖形。Visio 2016 提供全新的「地圖與圖表」，幫助使用者加快繪製電子工程中所需的圖形，例如：太空站、控制站、無線電站 1 等專業電子工程的位置圖形。	無線電站 1　無線電站 2　可攜式站台　移動站　指向式　控制站　終點站　無線電轉送站　用戶裝置　被動轉送　太空站　地圖繪點站　電報中繼站　電報中繼站附識符號　電報裝置　電報裝置辨識符號　電話　一般站台　電熱發電站　水力發電站 1　水力發電站 2　水力發電站 3　水力發電站 4　熱電發電站　燃煤發電站　燃油/氣發電站　核能發電站　地熱發電站　太陽能發電站　風力發電站　分站　自然力　轉換站　交換站　整流分站　電漿站 MHD
基本項目	「基本項目」是一種電子工程中的基本電子零件圖形的集合。Visio 2016 提供全新的「基本項目」，幫助使用者加快繪製電子工程圖所需的圖形，例如：天線、電阻、接地等專業電子工程的零件圖形。	電阻　電容器　AC 電源　DC 電源　等電位　接地　感應器　石英震盪器　天線　底座　斷路器　理想電源　一般元件　蓄電池　交替脈衝　半感應器　爆裂電管　纜芯　保險絲　永久磁鐵　擒　磁纜芯　熱單元　鋸齒狀　火星塞　圓型天線　麥克風 2　震盪器　讀取頭　雷管點火器　電池　脈衝　喇叭　接觸器　接觸器 2　熱電耦　溫差電堆　燈　燈 2　指示器　突波保護器　突波保護器 2　材料　感應連結電管　日光燈　延遲單元　麥克風　步階函數　警報器　電流控制電流電源　電壓控制電流電源　電流控制電壓電源　電壓控制電壓電源
基本項目 - Visio 2013	「基本項目 -Visio 2013」是一種電子工程中的基本電子零件圖形的集合。Visio 2016 提供舊版的「基本項目 -Visio 2013」圖形，幫助使用者加快繪製電子工程圖所需的零件圖形，例如：電阻、電容、天線等專業電子工程的零件圖形。	電阻　電容器　AC 電源　DC 電源　等電位　接地　感應器　石英震盪器　底座　電池　養潤器　蓄電池　天線　圓型天線　斷路器　保險絲　理想電源　一般元件　接觸器　接觸器 2　讀取頭　半感應器　脈衝　交替脈衝　鋸齒狀　步階函數　爆裂電管　感應連結電管　雷管點火器　指示器　材料　延遲單元　突波保護器　突波保護器 2　永久磁鐵　磁纜芯　纜芯　火星塞　擒　警報器　熱單元　熱電耦　溫差電堆　燈　燈 2　日光燈　喇叭　麥克風　麥克風 2　震盪器

類型	說明	圖形
整合式電路組件	「整合式電路組件」是一種電子工程中的電子零件整合電路圖形的集合。Visio 2016 提供全新的「整合式電路組件」，幫助使用者加快繪製電子工程圖所需的圖形，例如：電路板、驅動開關、接地等專業電子工程的零件圖形。	4X 完整建構區塊、負邊緣觸、MUX 4、4 位元計數器、4 位元 D/A 轉換器、4 位元暫存器、4X 頂部建構區塊、4X 基部建構區塊、電路板、4X 中間建構區塊、水平擴充、1X 頂部建構區塊、1X 基部建構區塊、垂直擴充、1X 中間建構區塊、1X 完整建構區塊、切換貼、接地、驅動器、4 位元 A/D 轉換器、8 位元 A/D 轉換器、8 位元 D/A 轉換器、8 位元暫存器、MUX 2、MUX 8、8 位元計數器、類比開關 2、預載計數器 4、預載計數器 8、類比開關 4、2 - 4 解碼器、3 - 8 解碼器、單擲、電壓轉換器、脈寬調變器
旋轉設備與機械功能	「旋轉設備與機械功能」是一種電子工程與機械功能間的電子零件圖形集合。Visio 2016 提供全新的「旋轉設備與機械功能」，幫助使用者加快繪製電子工程圖所需的圖形，例如：旋轉、同步、離合器等專業電子工程的零件圖形。	旋轉機械、轉子、電刷、幅位、永久磁鐵、線圈連接、同步、剎車、傳動裝置、旋轉、離合器、離合器 2、延遲動作、手動控制、阻斷裝置、栓裝置、機械式聯鎖、自動回復、制動器
終端機與連接器	「終端機與連接器」是一種電子工程專用的電子連接零件圖形集合。Visio 2016 提供全新的「終端機與連接器」，幫助使用者加快繪製電子工程圖所需的圖形，例如：配接器、電路端子、端子板等專業電子工程的連接零件圖形。	配接器、電路端子、公/母接頭、公/母接頭 2、端子板、纏線端子、雙導線插座、3-導線插座、雙導線插頭、3-導線插頭、雙向一般插座、單向一般插座、同軸外部導線、同軸中央導線、大型 D 型連接器、小型 D 型連接器、C 型座連接器、AC 輸出、護套插座/插頭、同軸插座/插頭、母/公 2-導線 2、公/母 2-導線 3、母/公 2-導線、母/公 3-導線、母/公 3-導線 2、母/公 3-導線
綜合組裝	「綜合組裝」是一種電子工程專用的電子組裝零件圖形集合。Visio 2016 提供全新的「綜合組裝」，幫助使用者加快繪製電子工程圖所需的圖形，例如：放大器、解調器、斷路器等專業電子工程的組裝零件圖形。	放大器、整流器、單向中繼器、雙向中繼器、橋式整流器、解調器、磁性放大器、負阻抗雙向放大器、具旁路的放大器、放大器外部 DC 控制、可控式整流器、雙向中繼器旁路、雙向中繼器四線、網路低電壓、相位偏移器、斷路器、繼轉器、繼轉器 2、同步位置指示器、位置指示壓電器、Desynn 位置傳動器、位置傳送壓電器、滅火器開關、雙滅火器、轉換器、整流橋接器、熱源、近接感測器
維護符號	「維護符號」是一種電子工程專用的電子維護零件圖形集合。Visio 2016 提供全新的「維護符號」，幫助使用者加快繪製電子工程圖所需的圖形，例如：組合電路、線性單元、開關等專業電子工程的維護零件圖形。	訊號產生器、線性單元、轉送貼、轉送線圈、開關、組合電路、放大器、信號碼、參考訊號、能源轉送訊號、傳輸部斷、測試訊號、意見反應

類型	說明	圖形
識別符號	「識別符號」是一種電子工程專用的電子零件識別圖形集合。Visio 2016 提供全新的「識別符號」，幫助使用者加快繪製電子工程圖所需的識別圖形，例如：四相、輻射、多相等專業電子工程的識別符號圖形。	三相之字型　四相　輻射　正極　負極性　N 中性符號　多相　三分離線圈　雙相三線　雙相四線　三相 (V型)　三相 (T型)　三相三角形 1　三相三角形 2　三相三角形 3　三相三角形 4　三相星型　三相四線　六相雙星　六相雙三角　六相六角形　六相分叉　特殊連接器　同軸符號　電場
識別符號 - Visio 2013	「識別符號 -Visio 2013」是一種電子工程專用的電子零件識別圖形集合。Visio 2016 提供舊版的「識別符號 -Visio 2013」圖形，幫助使用者加快繪製電子工程圖所需的識別圖形，例如：四相、輻射、多相等專業電子工程的識別符號圖形。	三相之字型　四相　輻射　正極　負極　N 中性符號　多相　三分離線圈　雙相三線　雙相四線　三相 (V型)　三相 (T型)　三相三角形 1　三相三角形 2　三相三角形 3　三相三角形 4　三相星型　三相四線　六相雙星　六相雙三角　六相六角形　六相分叉　特殊連接器　同軸符號　電場
變壓器和線圈	「變壓器和線圈」是一種電子工程專用的電壓轉換零件的圖形集合。Visio 2016 提供全新的「變壓器和線圈」，幫助使用者加快繪製電子工程圖所需的變壓器圖形，例如：變壓器、感應器、電位變壓器專業電子工程的圖形。	變壓器　磁芯　感應器　拖流圈　磁力偵查計　同軸拖流圈　轉導器　飽和變壓器　變壓器 2　可調式變壓器　單相感應變壓整流器　三重電弧電壓整流器　電感電壓整流器　電流變壓器 1　電流變壓器 2　電流變壓器 3　電位變壓器　電位變壓器 2　三線圈電位變壓器　戶外測量裝置　線性連接器
開關與繼電器	「開關與繼電器」是一種電子工程專用的開關零件的圖形集合。Visio 2016 提供全新的「開關與繼電器」，幫助使用者加快繪製電子工程圖所需的開關零件圖形，例如：繼電器、壓力啟動、按鈕開路專業電子工程的圖形。	繼電器　轉送點　開關斷路器　保險絲　指示燈　轉送線圈　水銀開關　水銀開關 2　液位啟動　液位啟動 2　震動啟動　流液啟動　壓力啟動　溫度啟動　安全聯鎖　溫度開關　控溫器　限位開關　斷路器　選擇器開關　短路接續器　感應式限位開關　慣性開關　按鈕開路　手動開關　閘路接點　SPST　SPDT　閘路接點　雙向接點　通過連接開關　鎖定　DPST　彈簧回復　彈簧回復 2　彈簧回復 3　限位開關 n/o　限位開關 n/c　DPDT　雙位開關　三向開關　四向開關　按鈕通路　雙通路按鈕開關　時間延遲開路　時間延遲開關　時間延遲開路 2　時間延遲開關 2　絕緣物　轉換接點
開關與繼電器 -Visio 2013	「開關與繼電器 -Visio 2013」是一種電子工程專用的開關零件的圖形集合。Visio 2016 提供舊版的「開關與繼電器 -Visio 2013」圖形，幫助使用者加快繪製電子工程圖所需的開關零件圖形，例如：繼電器、壓力啟動、按鈕開路專業電子工程的圖形。	繼電器　繼電器接點　開關斷路器　保險絲　SPST　SPDT　DPST　DPDT　閘路接點　開路接點　雙向接點　通過閘路接點　彈簧回復　鎖定　限位開關　斷路器　彈簧回復 2　彈簧回復 3　限位開關 n/o　限位開關 n/c　雙位開關　三向開關　四向開關　手動開關　按鈕通路　按鈕開路　雙通路按鈕開關　選擇器開關　短路連接器　感應式限位開關　時間延遲開關　時間延遲開路 2　時間延遲開關 2　安全聯鎖　流液啟動　液位啟動　液位啟動 2　震流啟動　壓力啟動　溫度啟動　控溫器　溫度開關　慣性開關

類型	說明	圖形
		水銀開關　水銀開關 2　絕緣物　轉換接點　繼電器線圈 指示燈
電信開關與週邊設備	「電信開關與週邊設備」是一種電子工程專用的通信開關零件圖形集合。Visio 2016 提供全新的「電信開關與週邊設備」，幫助使用者加快繪製電子工程圖所需的電信圖形，例如：交換點、交換設備 1、網路等專業電子工程的電信開關零件圖形。	頻帶　頻譜單元 連接點　標記點　交換點　交換設備 1　交換裝置 2 磁性類型　移動線圈類型　動繞類型　立體類型　磁碟類型 磁帶/膠捲類型　磁鼓類型　再生　錄製/再生　消除 換能器頭　放大電路　脈衝調節　調整器　濾器 網路　終端組　調變器　錄播放機　集中 導引式光纖傳送器
類比與數位邏輯	「類比與數位邏輯」是一種電子工程專用的邏輯圖形集合。Visio 2016 提供全新的「類比與數位邏輯」，幫助使用者加快繪製電子工程圖所需的邏輯圖形，例如：反相器、I/O 埠、積分器等專業電子工程的邏輯圖形。	邏輯閘 2　反相器　觸發器　負邏輯點　I/O 埠 訊號波形 緩衝器　時鐘　函數產生器　放大器　轉換器 邏輯閘 1　類比符號　數位符號　功能電位計　位置伺服 延遲單元　三態緩衝器　積分器　總和放大器　乘法器 分流器　函數產生器 2　一般積分器　運算放大器　運算放大器 2
PERT 圖圖形	「PERT 圖圖形」是一種排程專用的圖形集合。PERT（Program Evaluation and Review Technique），中文原意是計畫評核術是一種針對不確定性較高的工作項目，採用網路圖規劃整個專案，以排定期望的專案時程。Visio 2016 提供全新的「PERT 圖圖形」，幫助使用者加快繪製專案排程所需的網路圖形，例如：PERT 1、動態連接器、摘要結構等專業排程的圖形。	PERT 1　PERT 2 動態連接器　線條連接器　線條與曲線連接器　圖例　摘要結構 水平註標　右角度水平
日曆圖形	「日曆圖形」是一種排程專用的圖形集合。工作上需要排定不同的時間點工作內容時，建議可以使用日曆圖形，來排定工作日程。Visio 2016 提供全新的「日曆圖形」，幫助使用者加快繪製專案排程所需的各種日曆、週曆、多週曆、月曆或年曆所需的約會、事件專用圖形，例如：月曆、時鐘、想法等專業排程的圖形。	月曆　週曆　多週曆　小型月曆　年曆 日曆　約會　多日事件 時鐘　便箋　提醒　重要　會議 閃光　注意事項　想法　航空旅遊　火車旅遊 汽車旅遊　航海旅遊　特殊事件　休假　慶典 生日　運動　週年紀念日　完成　里程碑 開始　圓形標籤　方形標籤　待辦事項　月相 星形標籤　晴朗　局部多雲　雨　閃電 暴風雨　多雲

類型	說明	圖形
時刻表圖形	「時刻表圖形」是一種排程專用的圖形集合。時刻表是一種活動、事件發生先後次序的列表，使用可以由時刻表找出活動、事件與時間的相互關係，有助工作溝通及協調運作。Visio 2016 提供全新的「時刻表圖形」，幫助使用者加快繪製專案排程所需的各種活動、事件專用圖形，例如：區塊時刻表、線形時刻表、今日標記等專業排程的圖形。	區塊時刻表　線形時刻表　圓柱形時刻表　線形里程碑　菱形里程碑　針形里程碑　方括弧間隔　大括弧間隔　區塊間隔　今日標記　雙三角形里程碑　X形里程碑　三角形里程碑　方形里程碑　圓形里程碑　展開時刻表　期間　同步處理里程碑　同步處理間隔　動態連接器
甘特圖圖形	「甘特圖圖形」是一種排程專用的圖形集合。甘特圖（Gantt Chart）主要以條狀顯示專案進度以及其他活動相互間關係，是一種透過活動變化可改變時間進展的情況，有助工作溝通及協調運作。Visio 2016 提供全新的「甘特圖圖形」，幫助使用者加快繪製專案排程所需的圖形，例如：甘特圖框架、資料欄、列等專業排程的圖形。	甘特圖框架　資料欄　列　任務長條圖　里程碑　連結線　標題　圖例　文字區塊 8pt　文字區塊 10pt　文字區塊 12pt　水平註標　右角度水平　動態連接器
BPMN 基本圖形	「BPMN 基本圖形」是一種作業流程排程專用的圖形集合。BPMN（Business Process Modeling Notation）為業務流程建模與標註是一種流程圖用於設計建立業務流程操作的圖形化模型，透過 BPMN 有助業務流程溝通及運作。Visio 2016 提供全新的「BPMN 基本圖形」，幫助使用者加快繪製專業流程所需的圖形，例如：工作、訊息、中期事件等專業流程的圖形。	工作　閘道　中期事件　結束事件　開始事件　摺疊的子程序　展開的子程序　文字註釋　序列流程　關聯　訊息流程　訊息　資料物件　資料存放區　群組　集區/通道
IDEF0 圖圖形	「IDEF0 圖圖形」是一種作業流程排程專用的圖形集合。IDEF（ICAM DEFinition method）是一種透過圖形化、結構化方式，表達系統所有功能彼此之間的限制、關係、相互訊息與對象。Visio 2016 提供全新的「IDEF0 圖圖形」，幫助使用者加快繪製專業流程所需的圖形，例如：IDEF0 連接器、節點、標籤等專業流程的圖形。	活動方塊　標籤　標題區塊　文字區塊 8pt　節點　實心連接器　1 分支連接器　IDEF0 連接器　動態連接器

類型	說明	圖形
SDL 圖圖形	「SDL 圖圖形」是一種作業流程排程專用的圖形集合。SDL 是一種使用 C 語言開發出的跨平台多媒體開發函式庫，SDL 提供許多控制圖像、聲音、輸入出的函式。Visio 2016 提供全新的「SDL 圖圖形」，幫助使用者加快繪製專業程式設計流程所需的圖形，例如：開始、程序、文件等專業程式設計流程的圖形。	開始　變數開始　程序　變數程序　建立要求　其他選項　傳回　決策 1　來自使用者的訊息　來自呼叫控制的原始物件　決策 2　到使用者的訊息　到呼叫控制的原始物件　儲存　頁面上的參考　換頁參考　多重文件　文件　磁碟儲存體　分割程序　分割事件　終端子　動態連接器　線條與曲線連接器
交互功能流程圖圖形	「交互功能流程圖圖形」是一種作業流程排程專用的圖形集合。交互功能流程圖主要用於釐清程序步驟，以及負責該等步驟的功能單位間的關聯性。Visio 2016 提供全新的「交互功能流程圖圖形」，幫助使用者加快繪製專業流程所需的圖形，例如：泳道、泳道（垂直）、分隔符號等專業程式設計流程的圖形。	泳道　分隔符號　泳道 (垂直)　分隔符號 (垂直)
元件 -SharePoint 2016 工作流程	「元件 -SharePoint 2016 工作流程」是一種網站作業流程排程專用的圖形集合。SharePoint 是微軟公司用於 Windows Server 上的附加軟體，主要提供入口網站和企業內網所需的頁面、文件庫以及專案子站等功能。Visio 2016 提供全新的「元件 -SharePoint 2016 工作流程」，幫助使用者加快繪製專業網站流程所需的圖形，例如：階段、步驟、開始等專業網站作業流程的圖形。	階段　使用條件進行繪圖　步驟　迴圈 n 次　應用式步驟　開始平行流程　結束平行流程　開始　簡單階段
其他流程圖圖形	「其他流程圖圖形」是一種作業流程排程專用的綜合圖形集合。Visio 2016 提供全新的「其他流程圖圖形」，幫助使用者加快繪製專業流程所需的各種圖形，例如：程序、整理、建立要求等專業作業流程的圖形。	分割程序 2　標記的程序　程序 (循環)　資料儲存 3　外部實體 1　外部實體 2　傳送帶　圓形程序　建立要求　加框矩形　有框架的矩形　開敞矩形　延遲時間　匯合連接點　數形儲存體　OR　整理　摘錄　離線儲存體　合併　排序 2　卡片組　卡片報列　縮微複製品　縮微複製記錄　縮微處理　複製　線型/有隱影的程序　標記的文件　線型文件　變數開始　變數程序　排序　資料儲存　資料庫　來自呼叫控制的原始物件　到呼叫控制的原始物件　來自使用者的訊息　到使用者的訊息　輸出　回顧　檢查　檢查 2　AND 閘道　OR 閘道　細分　分支: 傳回　XOR (獨佔 OR)　分支: 沒有傳回　垂直 XOR　中斷　垂直 P AND　外部控制項　省略部份　動態連接器　線條與曲線連接器

類型	說明	圖形
動作 - SharePoint 2010 工作流程	「動作-SharePoint 2010工作流程」是一種網站作業流程排程專用的圖形集合。SharePoint是微軟公司用於 Windows Server 上的附加軟體，主要提供入口網站和企業內網所需的頁面、文件庫以及專案子站等功能。Visio 2016 提供舊版的「動作-SharePoint 2010工作流程」圖形，幫助使用者加快繪製專業網站流程所需的各種圖形，例如：傳送電子郵件、指派待辦事項、執行計算等專業網站作業流程的圖形。	
動作 - SharePoint 2016 工作流程	「動作-SharePoint 2016工作流程」是一種網站作業流程排程專用的圖形集合。SharePoint是微軟公司用於 Windows Server 上的附加軟體，主要提供入口網站和企業內網所需的頁面、文件庫以及專案子站等功能。Visio 2016 提供全新的「動作-SharePoint 2016工作流程」圖形，幫助使用者加快繪製專業網站流程所需的各種圖形，例如：傳送電子郵件、指派工作、取出項目等專業網站作業流程的圖形。	
基本流程圖圖形	「基本流程圖圖形」是一種作業流程排程專用的圖形集合。Visio 2016 提供全新的「基本流程圖圖形」，幫助使用者加快繪製專業流程所需的各種圖形，例如：程序、決策、資料庫等專業作業流程的圖形。	
工作流程步驟	「工作流程步驟」是一種作業流程工作流專用的圖形集合。工作流為對工作流程及其各作業操作步驟間業務規則的抽象、概括描述，主要用於解決某個業務目標的問題。Visio 2016 提供全新的「工作流程步驟」，幫助使用者加快繪製專業工作流程所需的各種圖形，例如：工作、送出、要求等專業工作流程的圖形。	

類型	說明	圖形
工作流程步驟 -3D	「工作流程步驟 -3D」是一種作業流程工作流專用的立體圖形集合。工作流為對工作流程及其各作業操作步驟間業務規則的抽象、概括描述，主要用於解決某個業務目標的問題。Visio 2016 提供全新的「工作流程步驟 -3D」，幫助使用者加快繪製專業工作流程所需的各種立體圖形，例如：工作、送出、要求等專業工作流程的圖形。	工作　發佈　送出　要求　批准　拒絕　協議　分析　開會　電話通知　簡報　作者　研究　面談　動態連接器
工作流程物件	「工作流程物件」是一種作業流程工作流專用的物件圖形集合。工作流為對工作流程及其各作業操作步驟間業務規則的抽象、概括描述，主要用於解決某個業務目標的問題。Visio 2016 提供全新的「工作流程物件」，幫助使用者加快繪製專業工作流程所需的各種圖形，例如：人員、產品、文件等專業工作流程的物件圖形。	人員　資料　客戶　使用者　產品　文件　資產　方塊　競爭者　合約　客戶區隔　文件集合　員工　高階主管　費用　關閉的資料夾　開啟的資料夾　收入　郵件　主管　簡報　試算表　小組　廠商　網頁
工作流程物件 -3D	「工作流程物件 -3D」是一種作業流程工作流專用的立體物件圖形集合。工作流為對工作流程及其各作業操作步驟間業務規則的抽象、概括描述，主要用於解決某個業務目標的問題。Visio 2016 提供全新的「工作流程物件 -3D」，幫助使用者加快繪製專業工作流程所需的各種立體圖形，例如：人員、產品、文件等專業工作流程的立體物件圖形。	人員　人 - 驅幹　客戶　使用者　產品　文件　紙箱　唯讀光碟　執行長　財務長　資訊長　營運長　木箱　競爭者　資料夾　文件集合　磁碟片　資料夾 - 關閉　資料夾 - 開啟　郵件　簡報　試算表　USB 金鑰　廠商　網頁　動態連接器
條件 - SharePoint 2010 工作流程	「條件 -SharePoint 2010 工作流程」是一種網站作業流程排程專用的圖形集合。SharePoint 為微軟公司用於 Windows Server 上的附加軟體，主要提供入口網站和企業內網所需的頁面、文件庫以及專案子站等功能。Visio 2016 提供舊版的「條件 -SharePoint 2010 工作流程」圖形，幫助使用者加快繪製專業網站流程所需的各種圖形，例如：建立者、修改者、比較文件欄位等專業網站作業流程的圖形。	比較資料來源　比較文件欄位　標題包含關鍵字　建立者　檢查儲理的使用者權限　檢查使用者權限　在日期範圍內建立　檔案大小　檔案類型　修改者　在日期範圍內修改

類型	說明	圖形
條件 - SharePoint 2016 工作流程	「條件 -SharePoint 2016 工作流程」是一種網站作業流程排程專用的圖形集合。SharePoint 為微軟公司用於 Windows Server 上的附加軟體，主要提供入口網站和企業內網所需的頁面、文件庫以及專案子站等功能。Visio 2016 提供全新的「條件 -SharePoint 2016 工作流程」圖形，幫助使用者加快繪製專業流程所需的各種圖形，例如：由特定人員所建立、由特定人員所修改、若任何值等於值等專業網站作業流程的圖形。	
箭頭圖形	「箭頭圖形」用於指明方向、表達趨勢或其他抽象用途。Visio 2016 提供「箭頭圖形」，方便使用者在文件上表達，例如：迴轉箭號、右彎箭號、全向箭號圖案等工具圖形。	
結束點 - SharePoint 2010 工作流程	「結束點 -SharePoint 2010 工作流程」是一種網站作業流程排程專用的圖形集合。SharePoint 是微軟公司用於 Windows Server 上的附加軟體，主要提供入口網站和企業內網所需的頁面、文件庫以及專案子站等功能。Visio 2016 提供舊版的「結束點 -SharePoint 2010 工作流程」圖形，幫助使用者加快繪製專業網站流程所需的各種圖形，例如：開始、終止等專業網站作業流程的圖形。	
部門	「部門」是一種作業流程排程專用的單位圖形集合，用於表示各種執行單位用途。Visio 2016 提供「部門」方便使用者在文件上表達，例如：會計、工程、銀行等工具圖形。	

類型	說明	圖形
部門 -3D	「部門 -3D」是一種作業流程排程專用的單位立體圖形集合，用於表示各種執行單位用途。Visio 2016 提供「部門 -3D」方便使用者在文件上表達，例如：會計、工程、銀行等立體工具圖形。	會計　應付帳款　應收帳款　稽核　銀行　董監事會　自助餐廳　影印室　客戶服務　資料中心　設計　工程　設備　財務　總部　人力資源　資訊服務　國際部門　庫存　法務部門　郵件服務　管理　製造　行銷　車輛調度　作業　封裝　薪資　出版社　採購　品質保證　收貨　接待處　研究與開發　銷售　保全　運送　子公司　供應商　電信　出納　倉庫　動態連接器
Active Directory 物件	「Active Directory 物件」是一種網站建置專用的圖形集合。Active Directory（AD）為微軟開發的 Windows Server，負責建構網路環境的目錄管理服務，其物件可以是使用者、群組、電腦、網域控制站、郵件、設定檔、組織單元、樹系等元素。Visio 2016 提供全新的「Active Directory 物件」圖形，幫助使用者加快繪製網站建置所需的各種圖形，例如：網域、使用者、群組等專業網站建置的圖形。	網域　電腦　使用者　群組　容器　列印佇列　連絡人　組織單位　原則　磁碟區　標準物件　網站　網站連結　網站連結橋接器　伺服器　NTDS 網站設定　IP 子網路　憑證範本　授權網站　連線　目錄連接器
Active Directory 網站及服務	「Active Directory 網站及服務」是一種網站建置專用的圖形集合。Active Directory（AD）為微軟開發的 Windows Server，負責建構網路環境的目錄管理服務。Visio 2016 提供全新的「Active Directory 網站及服務」圖形，幫助使用者加快繪製網站建置所需的各種圖形，例如：網站或子網路、2D 網域、3D 應用程式等專業網站建置的圖形。	網站或子網路　3D 網站連結　3D 網站連結橋接器　廣域網路　3D 網域　3D 網域控制器　複製連線　資料庫　3D 應用程式　通訊連線　用戶端　2D 網站或子網路　2D 網域　2D 應用程式　2D 網域控制器

類型	說明	圖形
Exchange 物件	「Exchange 物件」是一種電子郵件伺服器專用的圖形集合。Exchange 是由微軟公司開發的電子郵件服務組件，它可以執行電子郵件的存取、儲存、轉發等功能，更可以用於開發工作流、知識管理系統、其他訊息系統。Visio 2016 提供全新的「Exchange 物件」圖形，幫助使用者加快繪製電子郵件服務所需的各種圖形，例如：Exchange 組織、Exchange Server、工作階段等專業電子郵件服務的圖形。	
LDAP 物件	「LDAP 物件」是一種輕型目錄存取協定專用的圖形集合。LDAP 是一種開放、中立的工業標準應用協定，它可以通過 IP 協定提供存取控制和維護分散式的目錄資訊。Visio 2016 提供全新的「LDAP 物件」圖形，幫助使用者加快繪製輕型目錄存取協定所需的各種圖形，例如：組織、人員、位置等專業輕型目錄存取協定的圖形。	
伺服器	「伺服器」是一種網站服務專用的圖形集合。伺服器透過網路對外、對內網路提供服務，其最大特點是運算能力非常強大。Visio 2016 提供全新的「伺服器」圖形，幫助使用者加快繪製網站服務所需的各種圖形，例如：檔案伺服器、列印伺服器、網頁伺服器等專業網站服務的圖形。	
伺服器 -3D	「伺服器 -3D」是一種網站服務專用的立體圖形集合。伺服器透過網路對外、對內網路提供服務，其最大特點是運算能力非常強大。Visio 2016 提供全新的「伺服器 -3D」圖形，幫助使用者加快繪製網站服務所需的各種立體圖形，例如：檔案伺服器、列印伺服器、網頁伺服器等專業網站服務的圖形。	

類型	說明	圖形
機架安裝式 伺服器 -3D	「機架安裝式伺服器 -3D」是一種網站服務專用的立體圖形集合。伺服器透過網路對外、對內網路提供服務，其最大特點是運算能力非常強大，而機架式伺服器即是一種以臥式方式固定在機架上的伺服器。Visio 2016 提供全新的「機架安裝式伺服器 -3D」圖形，幫助使用者加快繪製網站服務所需的各種立體圖形，例如：應用程式伺服器、內容管理伺服器、目錄伺服器等專業網站服務的圖形。	應用程式伺服器　內容管理伺服器　資料庫伺服器　目錄伺服器　電子商務伺服器　電子郵件伺服器　檔案伺服器　FTP 伺服器　管理伺服器　行動資訊伺服器　列印伺服器　Proxy 伺服器　即時通訊伺服器　伺服器　資料流媒體伺服器　網頁伺服器　動態連接器
機架式伺服器	「機架式伺服器」是一種網站服務專用的圖形集合。伺服器透過網路對外、對內網路提供服務，其最大特點是運算能力非常強大，而機架式伺服器即是一種以臥式方式固定在機架上的伺服器。Visio 2016 提供全新的「機架式伺服器」圖形，幫助使用者加快繪製網站服務所需的各種圖形，例如：應用程式伺服器、檔案伺服器、網頁伺服器等專業網站服務的圖形。	網頁伺服器　檔案伺服器　應用程式伺服器　憑證伺服器　電子商務伺服器　行動資訊伺服器　FTP 伺服器　CMS 伺服器　目錄伺服器　列印伺服器　郵件伺服器　管理伺服器　即時通訊伺服器　公用/私用存取伺服器　資料庫伺服器　Proxy 伺服器　串流媒體伺服器
機架式設備	「機架式設備」是一種網站設備專用的圖形集合。機架式設備是一種以臥式方式固定在機架上的設施。Visio 2016 提供全新的「機架式設備」圖形，幫助使用者加快繪製網站設備所需的各種圖形，例如：機架、機櫃、伺服器等專業網站設備的圖形。	機架　機櫃　伺服器　RAID 陣列　路由器 1　交換器　路由器 2　獨立檔案儲存　磁帶機　LCD 監視器　揚接器　跳線面板　電源供應器/UPS　延長線　鍵盤托盤　擱板　纜線托盤/隔板　維度-水平　維度-垂直
無支柱機架式設備	「無支柱機架式設備」是一種網站設備專用的圖形集合。無支柱機架式設備是一種堆疊方式固定在機架上的設施。Visio 2016 提供全新的「無支柱機架式設備」圖形，幫助使用者加快繪製網站設備所需的各種圖形，例如：監視器、硬碟、伺服器等專業網站設備的圖形。	伺服器　監視器　線上型電腦　印表機　A-B 交換器　數據機　硬碟　光學磁碟機　集線器

類型	說明	圖形
網路位置	「網路位置」是一種網站定位專用的圖形集合。Visio 2016 提供全新的「網路位置」圖形,幫助使用者加快繪製網路定位所需的各種圖形,例如:政府、雲形、資料中心等專業網站定位的圖形。	資料中心　雲形　政府　建築物　鄉鎮　大學　房屋　城市
網路位置 - 3D	「網路位置 -3D」是一種網站定位專用的立體圖形集合。Visio 2016 提供全新的「網路位置 -3D」圖形,幫助使用者加快繪製網路定位所需的各種立體圖形,例如:政府、雲形、城市等專業網站定位的圖形。	雲形　城市　建築物　房屋　政府　大學　鄉鎮　動態連接器
網路空間組件	「網路空間組件」是一種網站零件安排定位專用的圖形集合。Visio 2016 提供全新的「網路空間組件」圖形,幫助使用者加快繪製網路零件定位所需的各種標示圖形,例如:門、窗戶、桌子等專業網站零件定位的標示圖形。	門　窗戶　椅子　桌子
網路符號	「網路符號」是一種網站元件專用的圖形集合。Visio 2016 提供全新的「網路符號」圖形,幫助使用者加快繪製網路元件所需的各種圖形,例如:ATM 路由器、主機、小型集線器等專業網站元件的圖形。	通訊伺服器　索引鍵　工作群組交換器　摸定　終端機伺服器　摸定與金鑰　ATM 路由器　探查　主機　ATM 交換器　CDDI/FDDI 集訊器　路由器　閘道　OLAP 資料庫　ATM/FastGB 乙太交換器　廣域網路　DSU/CSU　100BaseT 集線器　ISDN 交換器　橋接器　小型集線器　資料　資料庫　負載平衡器
網路符號 - 3D	「網路符號 -3D」是一種網站元件專用的立體圖形集合。Visio 2016 提供全新的「網路符號 -3D」圖形,幫助使用者加快繪製網路元件所需的各種立體圖形,例如:ATM 路由器、ISDN 交換器、小型集線器等專業網站元件的圖形。	路由器　ATM 路由器　ISDN 交換器　ATM 交換器　ATM/FastGB 乙太交換器　工作群組交換器　小型集線器　100BaseT 集線器　CDDI/FDDI 集訊器　終端機伺服器　通訊伺服器　探查　橋接器　閘道　廣域網路　DSU/CSU　主機　關聯式資料庫　摸定　摸定與金鑰　索引鍵　公開/私密金鑰伺服器　憑證伺服器　動態連接器
網路與週邊	「網路與週邊」是一種網站設備專用的圖形集合。Visio 2016 提供全新的「網路與週邊」圖形,幫助使用者加快繪製網路文件所需的各種圖形,例如:防火牆、無線存取點、乙太網路等專業網站設備的圖形。	無線存取點　環形網路　乙太網路　伺服器　大型主機　路由器　開關　防火牆　通訊連結　超級電腦　電腦伺服器　印表機　繪圖機　掃描器　影印機　傳真　多功能裝置　投影機　投影機螢幕　橋接器　集線器　數據機　電話　行動電話　智慧型電話　視訊電話　數位相機　視訊攝影機　外部媒體磁碟機　使用者　圖例　動態連接器

類型	說明	圖形
網路與週邊-3D	「網路與週邊-3D」是一種網站設備專用的立體圖形集合。Visio 2016 提供全新的「網路與週邊-3D」圖形，幫助使用者加快繪製網路文件所需的各種立體圖形，例如：防火牆、大型主機、乙太網路等專業網站設備的圖形。	環形網路、乙太網路、伺服器、大型主機、路由器、交換器、防火牆、通訊連結、超級電腦、印表機、繪圖機、掃描器、影印機、傳真機、多功能裝置、CRT 投影機、螢幕、橋接器、集線器、數據機、電話、行動電話、智慧型電話、無線存取點、數位相機、視訊攝影機、使用者、圖例、動態連接器
詳細網路圖表	「詳細網路圖表」是一種網站設備專用的圖形集合。Visio 2016 提供全新的「詳細網路圖表」圖形，幫助使用者加快繪製網路文件所需的各種圖形，例如：訊號加強器、外部硬碟、MPLS 等專業網站設備的圖形。	A/B 交換器、訊號加強器、診斷裝置、智慧卡讀取裝置、跳線面板、收音機塔台、生物測量讀取機、外部硬碟、XML Web 服務、光纜、碟型衛星、衛星、VoIP 電話、電話專用小交換機、MPLS
詳細網路圖表-3D	「詳細網路圖表-3D」是一種網站設備專用的立體圖形集合。Visio 2016 提供全新的「詳細網路圖表-3D」圖形，幫助使用者加快繪製網路文件所需的各種立體圖形，例如：跳線面板、外部硬碟、動態連接器等專業網站設備的圖形。	A/B 交換器、生物測量讀取機、資料、診斷裝置、外部媒體磁碟機、外部硬碟、光纜傳送器、跳線面板、電話專用小交換機、收音機塔台、訊號加強器、衛星、碟型衛星、智慧卡讀取機、XML Web 服務、動態連接器
電腦與監視器	「電腦與監視器」是一種網站設備專用的顯示圖形集合。Visio 2016 提供全新的「詳細網路圖表-3D」圖形，幫助使用者加快繪製網路文件所需的各種顯示圖形，例如：個人電腦、PDA、CRT 監視器等專業網站設備的圖形。	個人電腦、虛擬電腦、終端機、分波多工器(WDM)、資料管道、平板電腦裝置、平板電腦裝置9、線上型電腦、PDA、CRT 監視器、LCD 監視器、動態連接器
電腦與監視器-3D	「電腦與監視器-3D」是一種網站設備專用的立體顯示圖形集合。Visio 2016 提供全新的「詳細網路圖表-3D」圖形，幫助使用者加快繪製網路文件所需的各種立體顯示圖形，例如：個人電腦、PDA、CRT 監視器等專業網站設備的圖形。	個人電腦、線上型電腦、LCD 監視器、終端機、平板電腦、PDA、iMac、新 iMac、CRT 監視器、動態連接器

類型	說明	圖形
概念性網站圖形	「概念性網站圖形」是一種網頁元素專用的圖形集合，概念是抽象且一般的想法，用於呈現實體、事件或關係的範疇。Visio 2016 提供全新的「概念性網站圖形」圖形，幫助使用者加快繪製網頁文件所需的各種圖形，例如：表單、網頁、首頁等專業網頁的圖形。	群組　　主要物件　　網頁　　網頁群組　　網頁元素　網頁元素群組　快顧　小型網站地圖節點　大型網站地圖節點　首頁　首頁頁面　表單　關連　頁面說轉　雙向資料連線　動態連接器　線條與曲線連接器　盒形　單向資料連線
網站地圖圖形	「網站地圖圖形」是一種網頁元素專用的圖形集合，網站地圖是用於呈現網站結構的實體。Visio 2016 提供全新的「網站地圖圖形」圖形，幫助使用者加快繪製網站地圖所需的各種圖形，例如：Web 服務、多媒體、封存等專業網站地圖的圖形。	HTML　圖形(點陣)　文字　樣式表　指令碼(用戶端)　指令碼(伺服器端)　Web 服務　Java　圖形(向量)　音效　視訊　影像地圖　多媒體　外接程式　XML　封存　程式　標準　文件　試算表　簡報　專案　圖表　出版物　網站　資料庫　檔案　FTP　Mailto　新聞群組　Telnet　搜尋　RSS　首頁　金色圖形　紫色菱形　藍色三角形　綠色方形　換頁連接器　動態連接器　線條與曲線連接器
Crow's Foot 資料庫表示法	「Crow's Foot 資料庫表示法」是一種資料庫表示法專用的圖形集合。Visio 2016 提供全新的「Crow's Foot 資料庫表示法」圖形，幫助使用者加快繪製資料庫文件所需的各種表示法圖形，例如：實體、關聯、屬性等專業資料庫的圖形。	實體　主索引鍵屬性　主索引鍵分隔符號　屬性　關聯
IDEF1X 資料庫表示法	「IDEF1X 資料庫表示法」是一種資料庫表示法專用的圖形集合。IDEF（ICAM DEFinition method）是一種透過圖形化、結構化方式，表達系統所有功能彼此之間的限制、關係、相互訊息與對象，IDEF1X 語法支援概念模式開發所必需的語義結構。Visio 2016 提供全新的「IDEF1X 資料庫表示法」圖形，幫助使用者加快繪製資料庫文件所需的各種表示法圖形，例如：實體、關聯、屬性等專業資料庫的圖形。	實體　主索引鍵屬性　主索引鍵分隔符號　屬性　關聯

類型	說明	圖形
UML 資料庫表示法	「UML 資料庫表示法」是一種資料庫表示法專用的圖形集合。UML（Unified Modeling Language）是一種開放性的統一塑模語言，一般用於說明、可視化、構建物件導向的用途。Visio 2016 提供全新的「UML 資料庫表示法」圖形，幫助使用者加快繪製資料庫文件所需的各種表示法圖形，例如：實體、關聯、屬性等專業資料庫的圖形。	實體　主索引鍵屬性　主索引鍵分隔符號　屬性 關聯
陳式資料庫表示法	「陳式資料庫表示法」是一種資料庫表示法專用的圖形集合。陳氏定理是中國數學家陳景潤發表的數論定理，用於證明任何偶數的《篩法》表示方式。Visio 2016 提供全新的「陳式資料庫表示法」圖形，幫助使用者加快繪製資料庫文件所需的各種表示法圖形，例如：實體、關聯、屬性等專業資料庫的圖形。	實體　關聯 屬性　關聯連接器
COM 與 OLE	「COM 與 OLE」是一種軟體專用的圖形集合。OLE（Object Linking and Embedding）的中文是物件連結與嵌入，是一種能讓應用程式建立包含不同來源的複合物件技術，其物件可以是文字、聲音、圖像、表格、應用程式等組合。Visio 2016 提供全新的「COM 與 OLE」圖形，幫助使用者加快繪製軟體文件所需的各種圖形，例如：COM 物件、介面、參考等專業軟體的圖形。	COM 物件　參考　微弱參考　虛擬表　介面 處理序邊界 OLE 伺服器/應用程式　物件階層　物件模型　連接器　文件/檔案 內嵌的文件　資料夾　資料儲存　界限　開啟資料夾
Gane-Sarson	「Gane-Sarson」是一種軟體資料流專用的圖形集合，用於表示有關固定、日常用品資產的流程圖。Visio 2016 提供全新的「Gane-Sarson」圖形，幫助使用者加快繪製資料流文件所需的各種圖形，例如：資料儲存、介面、資料流程等專業軟體的圖形。	處理序　介面　資料儲存　資料流程

類型	說明	圖形
UML 使用案例	「UML 使用案例」是一種軟體設計專用的圖形集合。UML（Unified Modeling Language）是一種開放性的統一塑模語言，一般用於說明、可視化、構建物件導向的用途。Visio 2016 提供全新的「UML 使用案例」圖形，幫助使用者加快繪製 UML 文件所需的各種案例圖形，例如：使用案例、關聯、動作項目等專業軟體設計的圖形。	動作項目　使用案例　子系統　關聯　相依性　一般化　包括　延伸
UML 活動	「UML 活動」是一種軟體設計專用的圖形集合。UML（Unified Modeling Language）是一種開放性的統一塑模語言，一般用於說明、可視化、構建物件導向的用途。Visio 2016 提供全新的「UML 活動」圖形，幫助使用者加快繪製 UML 文件所需的各種活動圖形，例如：動作、決策、合併節點等專業軟體設計的圖形。	動作　決策　合併節點　初始節點　最後節點　分叉節點　加入節點　泳道（垂直）　附註
UML 狀態機器	「UML 狀態機器」是一種軟體設計專用的圖形集合。UML（Unified Modeling Language）是一種開放性的統一塑模語言，一般用於說明、可視化、構建物件導向的用途。Visio 2016 提供全新的「UML 狀態機器」圖形，幫助使用者加快繪製 UML 文件所需的各種狀態圖形，例如：狀態、選擇、附註等專業軟體設計的圖形。	狀態　具有內部行為的狀態　綜合狀態　子機器狀態　初始狀態　最後狀態　選擇　附註
UML 順序	「UML 順序」是一種軟體設計專用的圖形集合。UML（Unified Modeling Language）是一種開放性的統一塑模語言，一般用於說明、可視化、構建物件導向的用途。Visio 2016 提供全新的「UML 順序」圖形，幫助使用者加快繪製 UML 文件所需的各種順序圖形，例如：物件生命線、迴圈片段、啟動等專業軟體設計的圖形。	啟動　物件生命線　動作項目生命線　迴圈片段　選擇性片段　替代片段　互動運算元　其他片段　訊息　傳回訊息　自我訊息　非同步訊息

類型	說明	圖形
UML 類別	「UML 類別」是一種軟體設計專用的圖形集合。UML（Unified Modeling Language）是一種開放性的統一塑模語言，一般用於說明、可視化、構建物件導向的用途。Visio 2016 提供全新的「UML 類別」圖形，幫助使用者加快繪製 UML 文件所需的各種類別圖形，例如：類別、成員、相依性等專業軟體設計的圖形。	類別　成員　分隔符號　介面　列舉　套件（展開）　套件（摺疊）　附註　繼承　介面解析　關聯　有向性關聯　彙總　相依性　綜合
Web 和媒體圖示	「Web 和媒體圖示」是一種網站軟體設計專用的圖形集合。Web（World Wide Web）即全球資訊網之意，是一種經由網際網路存取並互相連結組成的網站系統。Visio 2016 提供全新的「Web 和媒體圖示」圖形，幫助使用者加快繪製網站文件所需的各種媒體圖形，例如：購物車、RSS、視訊等專業網站軟體設計的圖形。	搜尋　我的最愛　購物車　RSS　首頁　郵件　尋找　附件　連絡人　交談　討論　歷程記錄　停止（網際網路）　網際網路　連結　重新整理　指令碼　使用者　電力　播放　暫停　停止　倒轉　快轉　前一個　下一個　隨機播放　音量調大　關閉音量　CD　視訊　音樂　相片　裁剪　向左旋轉　向右旋轉
一般圖示	「一般圖示」是一種網站軟體設計專用的基本圖形集合。Visio 2016 提供全新的「一般圖示」圖形，幫助使用者加快繪製軟體文件所需的各種圖形，例如：拉近、排序、使用者等專業網站軟體設計的圖形。	後退　前進　展開　摺疊　新增　移除　拉近　拉遠　鎖定　權限　排序　篩選　工具　設定　稽查　屬性　行事曆　文件　資料庫　硬碟　使用者　網路
企業應用	「企業應用」是一種軟體設計設備專用的圖形集合。Visio 2016 提供全新的「企業應用」圖形，幫助使用者加快繪製軟體文件所需的各種設備圖形，例如：主機、伺服器、工作站等專業網站軟體設備的圖形。	伺服器　主機　工作站　使用者　伺服器組　主機組　工作站組　備品　掌上型電腦　筆記型電腦　界限　資料儲存　物件　處理序　標籤　文件　元件　介面　通訊連結
對話方塊	「對話方塊」是一種軟體設計回應專用的圖形集合。Visio 2016 提供全新的「對話方塊」圖形，幫助使用者加快繪製軟體文件所需的各種對話圖形，例如：對話方塊表單、狀態列、資訊圖示等專業軟體的圖形。	對話方塊表單　應用程式表單　面板　對話方塊按鈕　狀態列　狀態列項目　狀態列圖示　狀態列分隔器　索引標籤列　上層索引標籤項目　下層索引標籤項目　捲軸　調整大小抓取點　通知泡泡　錯誤圖示　警告圖示　資訊圖示　問題圖示

類型	說明	圖形
工具列	「工具列」是一種軟體設計專用的工具圖形集合。Visio 2016 提供全新的「工具列」圖形，幫助使用者加快繪製軟體文件所需的各種工具圖形，例如：複製、移動、列印等專業軟體的工具圖形。	
控制	「控制」是一種軟體設計專用的控制圖形集合。Visio 2016 提供全新的「控制」圖形，幫助使用者加快繪製軟體文件所需的各種控制圖形，例如：圓形按鈕、進度列、標籤等專業軟體的控制圖形。	
游標	「游標」是一種軟體設計專用的游標圖形集合。Visio 2016 提供全新的「游標」圖形，幫助使用者加快繪製軟體文件所需的各種游標圖形，例如：忙碌、選取、文字等專業軟體的游標圖形。	
記憶體物件	「記憶體物件」是一種軟體設計專用的圖形集合。Visio 2016 提供全新的「記憶體物件」圖形，幫助使用者加快繪製軟體文件所需的各種圖形，例如：陣列、資料儲存、指標等專業軟體的記憶體圖形。	
語言層次圖形	「語言層次圖形」是一種軟體設計專用的圖形集合。Visio 2016 提供全新的「語言層次圖形」圖形，幫助使用者加快繪製軟體文件所需的各種圖形，例如：函數/副程式、引動過程、資料流程等專業軟體的語言層次圖形。	
資料流程圖圖形	「資料流程圖圖形」是一種軟體設計專用的圖形集合。資料流程圖是用於描述系統中資料流程的圖形工具，資料流程圖非傳統的流程圖，更不是控制流。Visio 2016 提供全新的「資料流程圖圖形」圖形，幫助使用者加快繪製軟體文件所需的各種圖形，例如：資料程序、開始狀態、資料儲存等專業軟體的資料流程圖圖形。	